곤충
견문락 見聞樂

글과 사진 **손윤한**

지성사

일러두기

1. 이 책은 곤충에 대한 정의, 한살이, 생태 특징, 분류 등에 관한 이야기를 사진으로 전달하는 관찰기록입니다.

2. 각 종에 대한 이해를 돕기 위해 다양한 각도에서 찍은 사진을 설명과 함께 실었습니다. 이 책에 실린 구체적인 수치, 예를 들어 날개편길이, 몸길이, 출현 시기 등은 도감이나 다양한 자료에서 인용했으며 필요한 경우 출처를 본문에서 밝히거나 책 뒤 참고 자료로 정리했습니다.

3. 이 책에 실린 곤충 이름은 '국가생물종목록(2019)'에 따랐으며 아직 목록에 올라 있지 않은 곤충 이름이나 바뀐 이름 등은 괄호 안에 이전 이름과 같이 표기하거나 괄호 안에 '신칭'으로 따로 표기했습니다. 예를 들어 발해무늬의병벌레(노랑무늬의병벌레), 북방색방아벌레(노란점색방아벌레), 이른봄꽃하늘소(신칭)처럼 말이죠. 괄호 안의 이름이 이전 이름으로 바뀐 이유에 대해서는 본문에 설명했습니다.

4. 이 책에 실린 사진은 모두 필자가 찍은 것으로 필요한 경우에만 날짜를 표기했습니다.

5. 이 책은 우리나라에 사는 곤충 가운데 필자가 관찰한 곤충을 일반적인 분류 방식에 따라 정리했습니다.

곤충 이야기

'보고 듣다'는 한자로 '시視, 청聽'이라고 합니다. 그래서 TV를 보는 사람을 시청자라고 하죠. 학교에 가면 시청각 교실이 있는데 여기서도 주로 보고 듣는 교육이 이루어집니다. 그런데 같은 '보고 듣다'를 때로는 견見, 문聞이라고도 표현합니다.

　시視와 청聽 그리고 견見과 문聞. 우린 이미 이 단어를 생활 속에서 적절하게 구분해 사용하고 있습니다. 보고 듣는 것은 같지만 TV를 보는 사람을 견문자라고 하지 않고 시청자라고 한다든가, 여행을 통해 얻은 지식이 많으면 시청이 넓어졌다고 하지 않고 견문이 넓어졌다고 하는 식으로 말이죠.

　노자의 『도덕경』 14장에 보면 "시지불견視之不見, 청지불문聽之不聞"이라는 구절이 있습니다. '시視하면 견見할 수 없고, 청聽하면 문聞할 수 없다' 정도로 해석할 수 있을까요? 다양하게 해석할 수도 있지만 저는 나름대로 이렇게 풀이해 봅니다. 시視가 있으면 견見을 얻을 수 없고, 청聽이 있으면 문聞을 얻을 수 없다고 말이죠. 시와 청이라는 단어는 내가 감각의 주체가 될 때 주로 쓰고,

견과 문은 감각의 객체가 될 때 주로 쓰는 단어입니다.

숲에 들어갈 때 보고 싶은 것, 봐야만 할 것 등 자신의 감각을 주도적으로 사용하는 사람과 보이는 대로, 들리는 대로 숲에 들어가는 사람이 있다고 합니다. 숲과의 교감을 원하는 사람은 아마 후자의 경우이겠지요. 숲이 보여주는 대로, 들려주는 대로 그대로 보고 듣다 보면 어느새 숲과 하나 된 자신을 발견할 수 있을 겁니다. 자신의 감각을 주도적으로 사용해 보고 싶은 것만 보고 듣고 싶은 것만 듣는다면 숲과 하나가 되기는 힘들 겁니다. 숲과 교감하기보다는 숲을 평가하고 판단하게 될 것이며 자신의 잣대로 숲을 '재단'하게 되겠지요.

책 제목에 들어 있는 견문見聞은 이런 뜻입니다. 곤충에 대한 이야기를 보여주는 대로 들려주는 대로 풀어보려는 의도입니다. 그리고 그 과정이 단순한 '기록錄'이 아닌 '즐거움樂'의 과정이었기에 록錄이 아니라 락樂입니다.

곤충 견문락見聞樂! 보여주는 대로, 들려주는 대로 풀어본 곤충에 대한 이야기이며, 이는 숭고한 즐거움입니다. 바라건대, 이 책을 통해 곤충에 대한 시청이 넓어지기보다는 견문이 넓어졌으면 좋겠습니다. 그리고 그 과정이 즐거움이고 신나는 일이었으면 더더욱 좋겠습니다.

이 책은 도감 형식의 책이라든가 생태만을 중점적으로 설명하는 책이 아닙니다. 그렇다고 전문적인 분류학이나 곤충학學에 관한 책은 더더욱 아닙니다. 이 모두를 다루기는 하지만 이들 언저리 어디쯤 자리할 만한 책입니다.

한 번쯤 들어봤음 직한 이야기를 시작으로 곤충의 분류나 한살이, 그리고 종별 특징 등을 이야기하듯 풀어보았습니다. 직접 찍은 사진을 많이 사용했으며, 필요에 따라 표나 그림을 이용했습니다. 통계나 전문적인 연구 성과로 나타난 수치들은 인용 시 출처를 밝혀 이 부분에 대해 더 자세히 알고 싶은 사람들에게 도움이 되도록 했습니다.

모든 곤충을 이야기하지는 않습니다. 주로 우리 주변에서 조금만 관심을 가지면 만날 수 있는 곤충을 중심점에 두고 그 주변을 함께 살펴봅니다. 그리고 곤충 분야에서 새롭게 떠오르고 있는, 예를 들면 기후변화와 관련된 이야기, 멸종위기종이나 보호종 등에 대한 이야기도 필자가 직접 찍은 사진을 가지고 설명했습니다.

여기에 실린 자료와 내용들은 자신의 연구 분야와 관심 분야에서 지속적으로 연구하고 관찰한 분들의 결과물인 책이나 인터넷 자료의 도움이 컸습니다. 잠자리, 나비, 나방, 노린재, 딱정벌레, 애벌레, 벌, 파리, 하늘소, 메뚜기……. 이분들의 책과 자료가 좋은 지침이 되었습니다. '곤충 견문락'에 실린 구체적인 수치들이나 특정 관찰 결과들은 이분들의 자료 도움 없이는 힘들었을 것입니다.

자신의 분야에서 묵묵히 이 일을 하시고 결과물까지 만들고, 그것을 아낌없이 공유해 주신 모든 분에게 존경과 감사의 박수를 보냅니다.

이 책은 곤충들에 대한 이야기이지만 사실은 저의 이야기일 수 있습니다. 곤충들을 만나 사진으로 기록하고 정리하는 일 속에서 보고 느낀 것을 기록한 개인적인 결과물입니다. 그래서 객관적인 정보보다는 주관적인 느낌을 전달하려고 노력했습니다. 관심을 가지고 잠깐만 검색해 보면 알 수 있는 정보보다는 저의 느낌을 전달하려고 애썼습니다.

이런 전달 수단으로 사진을 택했습니다. 제가 가장 좋아하고 잘할 수 있으며 지속적인 작업이 가능한 것이 사진이기 때문입니다. 되도록 설명보다는 다양한 사진을 보여드리려고 했습니다. 다양한 모습을 보고 나면 그 대상에 대해 더 잘 이해할 수 있을 것이라는 생각 때문입니다.

이 책은 '연구'의 결과물이 아닌 '관찰'의 결과물이며 '사실'을 정리한 책이 아닌 '느낌'을 사진으로 채운 책입니다. 나아가 좋아하는 일을 계속할 수 있었던 그 일에 대한 즐거움의 '과정'이기도 합니다.

본격적인 곤충에 대한 이야기를 하기 전에 먼저 요즘 일반적으로 사용되고 있는 곤충 분류표를 설명하는 것으로 시작해 보겠습니다. '일반적으로' 사용된다고 토를 단 이유는 곤충 분류가 조금씩 다르기 때문입니다. 또한 분류의 방식이 계속해서 변하고 있기 때문이기도 합니다.

참, 이 책에서 곤충이라는 명칭은 몸이 머리, 가슴, 배로 이루어진 절지동물(마디로 이루어진 동물)로 더듬이는 한 쌍, 다리는 세 쌍인 동물을 지칭합니다. 일반적으로 날개가 두 쌍인 조건도 이야기하지만 이 책에서는 날개가 없는 무시류에 대해서도 이야기할 생각이므로 날개가 두 쌍이라는 일반적인 정의는 포함하지 않았습니다.

● 곤충 분류표

❶ 무시아강			돌좀목, 좀목
❷ 유시아강	❸ 고시류		하루살이목 잠자리목
	❹ 신시류	❺ 외시류	❻ 메뚜기군	❼ 귀뚜라미붙이목(갈르와벌레목) ❽ 바퀴목(바퀴, 사마귀, 흰개미) 흰개미붙이목 강도래목 집게벌레목 메뚜기목 대벌레목
			❾ 노린재군	다듬이벌레목 이목 총채벌레목 ❿ 노린재목(매미아목)
		⓫ 내시류		⓬ 풀잠자리목(명주잠자리, 풀잠자리, 사마귀붙이, 뱀잠자리) ⓭ 약대벌레목(새로운 명칭) 딱정벌레목 부채벌레목 벌목 밑들이목 벼룩목 파리목 날도래목 나비목

곤충의 분류

곤충은 동물계 – 절지동물문 – 곤충강에 속합니다. 이 곤충강은 날개(시翅)의 유무를 기준으로 무시아강과 유시아강으로 나뉩니다. 날개가 없는 곤충은 무시아강, 날개가 있는 곤충은 유시아강에 속합니다.

유시아강은 다시 날개를 배 위로 겹쳐 접을 수 있느냐 없느냐를 기준으로 고시류와 신시류로 나뉩니다. 날개를 배 위로 겹쳐 접을 수 없는 곤충이 고시류에 속합니다. 잠자리와 사마귀의 날개 접는 방식의 차이를 생각해보면 이해가 빠를 겁니다. 우리나라에 사는 곤충들 가운데 하루살이목과 잠자리목만이 고시류에 속합니다.

신시류는 다시 외시류와 내시류로 나뉘는데, 이때 번데기 유무가 기준입니다. 알 – 애벌레 – 성충 단계를 거치는 안갖춘탈바꿈(불완전변태)을 하는 곤충은 외시류, 알 – 애벌레 – 번데기 – 성충의 단계를 거치는 갖춘탈바꿈(완전변태)을 하는 곤충이 내시류입니다.

외시류는 다시 입의 형태에 따라 씹어 먹는 입(입틀)인 메뚜기군과 빨아 먹는 입

(입틀)인 노린재군으로 나뉩니다. '입(입틀)'이라고 쓰는 이유는 곤충의 입이 우리와는 달리 매우 구조가 복잡해서 보통 입틀 또는 구기口器라고 하기 때문입니다.

외시류와 달리 번데기 단계를 거치는 내시류는 유충과 성충의 형태가 전혀 다르며, 딱정벌레를 비롯해 많은 곤충이 여기에 속합니다.

❶ 무시아강: 날개(시翅)가 없는(무無) 곤충으로 납작돌좀, 좀 등이 이에 속한다. 일개미처럼 날개가 퇴화된 곤충은 유시아강으로 다룬다.

❷ 유시아강: 날개가 있는 곤충으로 대부분의 곤충이 여기에 속한다.

❸ 고시류: 옛날(고古) 형태의 날개(시翅)를 가진 곤충으로 날개를 배 위에 겹쳐 접을 수 없다. 우리나라에 사는 곤충으로는 하루살이목과 잠자리목이 있다. 한살이도 독특하다. 하루살이는 알–애벌레–아성충–성충을 거치며, 잠자리는 알–애벌레–미성숙–성숙 단계를 거친다.

납작돌좀 대표적인 무시류로 날개가 없는 원시적인 곤충이다. 이끼 낀 바위 위를 납작한 새우처럼 돌아다닌다.

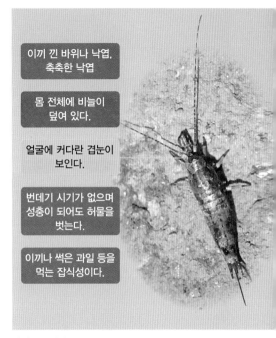

이끼 낀 바위나 낙엽, 축축한 낙엽

몸 전체에 비늘이 덮여 있다.

얼굴에 커다란 겹눈이 보인다.

번데기 시기가 없으며 성충이 되어도 허물을 벗는다.

이끼나 썩은 과일 등을 먹는 잡식성이다.

납작돌좀 설명

좀 역시 대표적인 무시류로 이름과 달리 아름다운 곤충이다.

동양하루살이 아성충 날개가 불투명하다. 아성충 단계를 거친 후 성충이 된다.

동양하루살이 성충 날개가 투명하다. 아성충에서 허물을 한 번 벗어야 성충이 된다. 이 과정은 물이 아닌 육상에서 이루어진다.

대표적인 외시류인 밑들이메뚜기
허물을 벗으면서 성장한다. 번데기 과정 없이 성충이 된다. 허물벗기는 거꾸로 된 자세에서 이루어진다.

❹ 신시류: 날개가 새로운(신新) 형태의 무리로, 고시류를 제외한 유시아강의 곤충이다.

❺ 외시류: 밖(외外)에서 날개가 자라는 것이 보이는 곤충으로 알 – 애벌레 – 성충의 안갖춘탈바꿈을 한다. 번데기를 만들지 않고 허물을 벗으면서 성장한다. 허물을 벗을 때마다 날개가 자라는 게 보인다.

❻ 메뚜기군: 번데기를 만들지 않는 외시류 가운데 입(입틀)이

씹어 먹는 형태로 된 곤충
이다.

귀뚜라미붙이목의 오대산갈르와벌레

❼ 귀뚜라미붙이목(갈르와벌레목): 갈르와벌레목이라고 했던 것을 최근에 귀뚜라미붙이목이라 부른다. 참고로 '갈르와'는 이 곤충을 처음 발견한 프랑스 학자의 이름이다.

❽ 바퀴목(사마귀아목, 흰개미아목): 난협목이라고도 하는데 주로 알집을 만드는 곤충이다. 예전에는 바퀴목, 사마귀목, 흰개미목이 독립적으로 분류되었지만 현재는 모두 바퀴목으로 통일하고, 사마귀목이나 흰개미목은 바퀴목 안의 하위 개념에 속한다.

❾ 노린재군: 번데기를 만들지 않는 외시류 가운데 입(입틀)이 빨아 먹는 형태로 된 곤충이다.

❿ 노린재목(매미아목): 예전에는 노린재목과 매미목이 독립적으로 분류되었지만, 현재는 매미목은 노린재목의 하위 개념에 속한다. 예를 들어 참매미의 분류는 노린재목 – 매미아목 – 매미과 – 참매미이다.

⓫ 내시류: 유시아강 가운데 번데기를 만드는 곤충 무리다. 날개가 애벌레의 몸속(체벽 안쪽)에서 만들어지기 때문에 내(안 내內)시류라고 하며 이 날개는 번데기 시기에 처음으로 몸 밖으로 나온다.

⓬ 풀잠자리목(뱀잠자리과): 예전에는 풀잠자리목, 뱀잠자리목이 독립적으로 분류되었지만 현재는 뱀잠자리목은 풀잠자리목 안에 포함된다. 예를 들

노란뱀잠자리 잠자리 집안이 아닌 풀잠자리 집
안에 속한다.

어 노란뱀잠자리는 풀잠자리목 – 뱀잠자리
과 – 노란뱀잠자리이다.

이 무리에는 이름에 잠자리가 붙었지만 잠자
리 무리가 아닌 곤충이 있다. 풀잠자리, 명주
잠자리, 뿔잠자리, 노랑뿔잠자리, 뱀잠자리
등으로, 이들은 고시류의 잠자리와는 완전
다른 내시류 분류군에 속한다.

이름에 사마귀가 있는 사마귀붙이도 풀잠자
리목에 속한다. 번데기 시기가 없으면서 씹
어 먹은 입(입틀)인 사마귀와는 완전 다른 내
시류 분류군이다. 풀잠자리목에 속한 곤충들은 번데기를 만드는 갖춘탈
바꿈을 한다.

❸ 약대벌레목(신칭): 예전에는 풀잠자리목에 속했지만 현재는 풀잠자리와
는 다른 특징들이 밝혀지면서 약대벌레목이라는 새로운 분류군이 생겼
다. 약대는 낙타의 옛말(고어)이다.

약대벌레 애벌레 주로 나무껍질 속에서 생활한다.

약대벌레 성충 기어 다니는 모습이 약대(낙타)를 닮았다.

곤충 분류표를 이해하면 곤충을 만나고 관찰하는 일이 더 깊어지고 재미있습니다. 그리고 모르는 곤충을 만나도 조금만 관심을 기울이고 노력하면 어느 집안에 속하는지 알아채기 쉽고 이를 바탕으로 이름이나 한살이 등의 생태를 짐작할 수 있습니다.

그럼, 이 곤충이라는 생명체는 전체 생물 분류군에서 어떤 위치에 있을까요? 이 책에서 분류를 전문적으로 다루지는 않지만, 곤충이라는 생명체가 전체 동물 분류군에서 어떤 위치에 속하는지 알고 나면 곤충을 이해하는 데 도움이 될 겁니다. 나아가 곤충과 종종 혼동되는 거미, 톡토기, 노래기 등 우리가 일반적으로 '벌레'라고 부르는 개체들이 어떤 분류군에 속하는지 쉽게 이해가 될 겁니다.

동물계	❶ 절지동물문	❷ 협각아문			거미, 전갈, 응애 등
		❸ 다지아문			노래기, 지네 등
		❹ 갑각아문			새우, 가재 등
		❺ 육각아문	❻ 내구강		톡토기, 낫발이, 좀붙이 등
			❼ 곤충강	무시아강	돌좀, 좀 등
				유시아강	무시아강 외 모든 곤충

❶ 절지동물문節肢動物門 : 부속지에 마디가 있는 동물의 분류군

❷ 협각아문鋏角亞門 : 절지동물문의 한 아문으로 '협각鋏角'이란 먹이를 쥐는 뾰족한 부속지라는 뜻이다. 보통 머리가슴부(두흉부)와 배(복부) 두 부분으로 이루어졌으며 더듬이(촉각)는 없고 입 앞에 제1부속지가 협각이라는 먹이 먹는 입 같은 형태로 변형되었다.

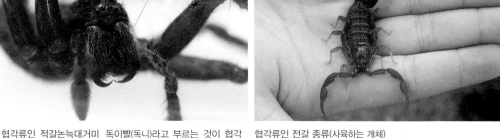

협각류인 적갈논늑대거미 독이빨(독니)라고 부르는 것이 협각 협각류인 전갈 종류(사육하는 개체)
이다. 털북숭이 늑대거미로 몸이 '적갈색'이다.

❸ 다지아문多肢亞門: 다리가 여러 개인 절지동물문의 한 아문이다.

❹ 갑각아문甲殼亞門: 갑옷 형태의 딱딱한 겉껍질이 몸을 감싸고 있으며 주로 물속 생활을 한다.

❺ 육각아문六脚亞門: 다리가 6개인 절지동물의 한 분류군이다.

❻ 내구강內口綱: 입(구기)이 침 형태로 머리 안쪽에 숨겨져 있어 붙인 이름이다. 곤충과 달리 눈이 겹눈이 아니라 몇 개의 홑눈으로 되어 있는 등 곤충과는 몇 가지 다른 점이 있다.

다지류인 왕지네 밤 숲에 가면 자주 보인다.
다지류인 황주까막노래기 하천가 등 습기가 많은 곳에 가야 쉽게 만날 수 있다.
갑각류인 가재

다리 6개, 겹눈이 발달하지 않았다. 배 끝에 도약기, 탈바꿈을 하지 않는다.

톡토기

수컷이 정자 방울을 만들어 바닥에 붙여두면 암컷이 주워 가는 방식으로 수정한다.

톡토기

내구류인 알톡토기류

민들레 위에 있는 알톡토기류를 확대한 사진

❼ 곤충강昆蟲綱: 몸이 머리, 가슴, 배 세 부분으로 되어 있고 다리가 3쌍, 더듬이는 한 쌍, 보통 2개의 겹눈과 3개의 홑눈(2개이거나 없는 곤충도 있다), 그리고 4쌍의 날개(또는 날개가 없거나 한 쌍으로 변형된 곤충도 있다) 가 있다.

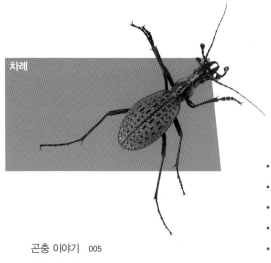

차례

12 딱정벌레목

곤충강 유시아강 신시류 내시류에 속하고 전 세계 곤충의 40퍼센트를 차지하는, 엄청난 수를 자랑하는 곤충 집안입니다. 딱지날개라는 튼튼한 겉날개가 특징이지요. 더듬이는 주로 11마디로 이루어졌으며, 여느 곤충과 달리 가운데가슴과 뒷가슴이 합쳐져 있고 앞가슴만 떨어져 있는 것이 특징입니다.

튼튼한 딱지날개는 연약한 뒷날개와 내부의 장기들을 보호할 뿐만 아니라 몸속에서 빠져나가는 수분을 잡아주는 역할도 합니다. 비행용이라기보다는 보호용이라고 할 수 있지요.

대부분의 딱정벌레 날개는 배 전체를 덮고 있지만 반날개처럼 배의 반만 덮는 개체도 있습니다. 반딧불이 일부 암컷들처럼 날개가 퇴화한 종도 있고요. 하지만 보통 딱지날개는 가운데를 중심으로 정확하게 만납니다. 예외가 있다면 남가뢰의 딱지날개는 위에서 약간 겹쳐집니다.

딱정벌레의 속날개는 여느 곤충과 비슷하게 날개맥이 있는 투명한 그물 날개입니다. 다른 점이라면 날개맥의 수가 적다는 것입니다. 날지 않을 때는

중앙선

딱정벌레는 두 장의 딱지날개가 중앙선에서 만나는 구조다.

홍다리사슴벌레 날개 구조

딱지날개가 겹쳐 보인다.

날개의 형태가 예외인 딱정벌레-남가뢰

남가뢰 날개 구조

반날개류가 속날개를 편 모습 반날개는 딱지날개가 배의 절반
정도만 덮는다.

딱지날개(앞날개)

속날개(뒷날개)

긴 뒷날개를 짧은 앞날개 밑에 접어야 하므로 뒷날개의 날개맥 수
가 다른 곤충에 비해 현저히 적다.

풍뎅이붙이의 날개

속날개를 접어서 겉날개 안에 넣어야 하는데 날개맥이 복잡하면 그만큼 시간
도 많이 걸리고 힘들어 이런 형태로 진화한 것이지요.

딱정벌레목에 속한 곤충의 더듬이는 매우 다양합니다. 종을 분류하는 기
준이 되기도 하지요. 끝이 3갈래로 갈라진 더듬이, 끝이 동그랗게 부푼 더듬
이, 채찍처럼 생긴 더듬이, 빗자루처럼 생긴 더듬이, 구슬처럼 생긴 더듬이
등 매우 모양이 다양합니다. 이 더듬이는 접어서 홈에 넣을 수도 있어 더듬이

등얼룩풍뎅이 더듬이 끝이 3개로 갈라진다.

왕풍뎅이 수컷 더듬이가 부챗살처럼 펼쳐진다.

남색초원하늘소 더듬이에 털 뭉치가 있다.

검정송장벌레 더듬이 끝부분만 색이 다르며 칫솔처럼 보인다.

등빨간먼지벌레 더듬이가 채찍 모양이다.

묘향산거저리 더듬이가 구슬을 꿴 것 같다.

산호버섯벌레 더듬이 끝이 둥글게 부푼 모양이다.

루이스방아벌레 더듬이가 빗살 모양이다. 수컷이다.

를 접었을 때와 펼쳤을 때 완전히 다른 곤충처럼 보이기도 합니다. 암컷과 수컷의 더듬이 모양이 완전히 다르기도 하고요.

딱정벌레목의 곤충은 겹눈이 발달한 종은 많지만 홑눈은 없습니다.

딱정벌레의 몸은 여느 곤충과 마찬가지로 머리, 가슴, 배로 이루어져 있습니다. 머리에는 눈과 더듬이 등 감각기관과 입틀이, 가슴에는 날개와 다리 등 이동기관이, 그리고 배에는 생식기관, 소화기관, 배설기관 등이 있습니다. 가슴은 다시 앞가슴, 가운데가슴, 뒷가슴으로 나뉘는데 앞가슴에 다리 한 쌍, 가운데가슴에는 딱지날개 한 쌍과 가운뎃다리 한 쌍이 있고, 뒷가슴에는 속날개 한 쌍과 뒷다리 한 쌍이 있습니다.

딱정벌레를 위에서 보면 마치 다리가 배에 붙어 있는 것처럼 보입니다. 가운데가슴과 뒷가슴이 붙어 있기 때문입니다. 개체를 뒤집어서 보면 다리와

홍다리사슴벌레 생김새

왕풍뎅이 생김새

톱하늘소 생김새

가슴이 붙어 있는 곳이 정확하게 드러납니다. 다리가 붙어 있는 곳까지가 가슴입니다. 정확하게는 뒷가슴이지요.

딱정벌레는 보통 4아목으로 나뉩니다. 2019년 1월 현재 전 세계 딱정벌레는 4아목 180과에 327,930종이 기록되어 있지만, 훨씬 더 많은 딱정벌레들이 우리 주변에 살고 있음이 분명합니다.

● 딱정벌레목 분류(이전의 분류 체계)

	원시딱정벌레아목	곰보벌레과	
딱정벌레목	식육아목	길앞잡이과, 딱정벌레과, 조롱먼지벌레과, 먼지벌레과, 물방개과, 물매암이과 등	
	다식아목	반날개 계열	풍뎅이붙이과, 반날개과 등
		풍뎅이 계열	소똥구리과, 풍뎅이과, 사슴벌레과, 꽃무지과, 똥풍뎅이과 등
		방아벌레 계열	방아벌레과, 비단벌레과, 병대벌레과, 반딧불이과, 홍날개과 등
		개나무좀 계열	개나무좀과, 수시렁이과, 빗살수염벌레과 등
		머리대장 계열	머리대장과, 무당벌레과, 잎벌레과, 하늘소과, 바구미과 등
	식균아목	우리나라에는 없다.	

● 딱정벌레목 분류(새로운 분류 체계)

딱정벌레목	원시아목	곰보벌레과	
	점식아목	우리나라에는 없다.	
	식육아목	딱정벌레상과	딱정벌레과(길앞잡이아과, 먼지벌레아과, 조롱박먼지벌레아과, 딱정벌레붙이아과, 딱정벌레아과), 등줄벌레과, 어리강변먼지벌레과
		물방개상과	물방개과, 물맴이과, 물진드기과, 자색물방개과
	다식아목	물땡땡이상과	풍뎅이붙이과, 물땡땡이과
		반날개상과	먼지송장벌레과, 호리가슴땡땡이과, 알버섯벌레과, 송장벌레과, 반날개과
		풍뎅이상과	금풍뎅이과, 붙이금풍뎅이과, 사슴벌레과, 사슴벌레붙이과, 풍뎅이과(똥풍뎅이아과, 검정풍뎅이아과, 꽃무지아과, 소똥구리아과, 풍뎅이아과, 장수풍뎅이아과), 송장풍뎅이과
		알꽃벼룩상과	알꽃벼룩과
		비단벌레상과	비단벌레과
		둥근가시벌레상과	여울벌레과, 진흙벌레과, 물삿갓벌레과, 깃털벌레과
		방아벌레상과	병대벌레과, 방아벌레과, 어리방아벌레과, 반딧불이과, 홍반디과, 거짓방아벌레과
		개나무좀상과	개나무좀과, 수시렁이과, 표본벌레과
		통나무좀상과	통나무좀과
		개미붙이상과	개미붙이과, 의병벌레과, 쌀도적과
		머리대장상과	배줄벌레과, 마른가지벌레과, 쑤시기붙이과, 애고목벌레과, 무당벌레과, 고목둥근벌레과, 곡식쑤시기과, 머리대장과, 아기쪽박벌레과, 무당벌레붙이과, 버섯벌레과(방아벌레붙이아과), 나무쑤시기과, 허리머리대장과, 섶벌레과, 톱가슴긴고목벌레과, 밑빠진벌레과, 대롱벌레과, 꽃알벌레과, 가는납작벌레과, 둥근아기벌레과
		거저리상과	닮은잎벌레붙이과, 뿔벌레과, 나무껍질벌레과, 애기버섯벌레과, 긴썩덩벌레과, 가뢰과, 꽃벼룩과, 애버섯벌레과, 하늘소붙이과, 작은발머리대장, 홍날개과, 납작거저리과, 왕꽃벼룩과, 얼룩무늬날개과, 꽃벼룩붙이과, 목대장과, 넓적썩덩벌레과, 거저리과(잎벌레붙이아과, 조롱박거저리아과, 거저리아과, 썩덩벌레아과, 르위스거저리아과, 호리병거저리아과 등), 애버섯벌레붙이과, 혹거저리과
		잎벌레상과	하늘소과, 잎벌레과, 수중다리잎벌레과
		바구미상과	소바구미과, 창주둥이바구미과, 주둥이거위벌레과, 거위벌레과, 침봉바구미과, 바구미과, 왕바구미과, 벼바구미과, 별창주둥이바구미과, 침엽바구미과

위의 분류 체계와 같이 2020년 현재, 딱정벌레의 분류가 바뀌었습니다. 예를 들어 길앞잡이과, 딱정벌레과, 조롱박먼지벌레과, 먼지벌레과는 모두 딱정벌레과로 바뀌었고 '아과'로 다룹니다. 예를 들면 조롱박먼지벌레과는 없어지고 딱정벌레과 조롱박먼지벌레아과로 되었다는 뜻입니다.

꽃무지과나 검정풍뎅이과, 소똥구리과도 풍뎅이과로 바뀌었고 역시 '아과'로 분류됩니다. 그러니까 꽃무지과는 풍뎅이과 꽃무지아과입니다. 새로 생긴 과도 있습니다. 예전에 ~수중다리잎벌레라고 불리던 잎벌레들은 잎벌레과가 아니라 새로 생긴 '수중다리잎벌레과'에 속합니다.

원시아목

● 곰보벌레과

딱정벌레목 원시아목의 곤충은 주로 나무껍질 속에서 생활합니다. 전 세계에 9속 28종이 서식한다고 알려졌으며 우리나라에는 오로지 1속 1종만이 삽니

우리나라 딱정벌레 중 가장 원시적인 딱정벌레인 곰보벌레 야행성이라 밤에 볼 수 있다.

곰보벌레의 크기를 짐작할 수 있다.

곰보벌레 몸에 점각렬이 얽어 있어 곰보벌레라는 이름이 붙었다. 1속 1종만 있다. 썩은 나무에서 생활한다. 주로 6~7월에 많이 보인다. 낮에 잎 뒤에 숨어 있던 개체다.

곰보벌레 더듬이가 매우 독특하게 생겼다. 밤에 불빛에도 찾아든다.

다. 딱지날개가 움푹 파인 점각렬의 모양이라 붙인 이름입니다. 나무에서 생활하며 밤에 자주 보입니다.

식육아목

길앞잡이아과(딱정벌레상과 딱정벌레과)

길앞잡이들은 워낙 빠르기 때문에 날아다니기보다는 달리면서 이동을 합니다. 긴 다리는 달리기에 최적화되었지요. 애벌레나 성충 모두 육식성이며 큰 턱이 아주 발달했습니다. 날 때는 4~5미터쯤 날아가다 앉고 다시 날아가다 앉고를 반복해 마치 길을 안내하는 것처럼 보인다고 해서 길앞잡이라는 이름이 붙었습니다.

　　육식성 곤충으로 영어권에서는 'tiger beetle'이라고 부릅니다. 애벌레도 비탈길에 수직으로 굴을 파고 그 속에서 살다가 지나가는 개미 같은 곤충을 잡아먹는 사냥꾼입니다. 애벌레를 '개미귀신'이라는 별명으로 부르기도 합니다 (명주잠자리 애벌레의 별명은 '개미지옥'입니다).

길앞잡이(딱정벌레과) 날카로운 큰턱으로 먹이를 사냥한다.

길앞잡이 다리가 길어 달리기에 적합하다.

몸 색이 화려해 비단길앞잡이라고도 불린다.

길앞잡이 너무 빨리 달린 탓에 먹이 곤충의 상을 인식할 만큼 빛을 충분히 모으지 못해 가다 서다를 반복한다. 산길에서 4~5미터 쯤 날아가다 멈추기를 반복해 길을 안내해주는 곤충이라는 뜻에서 붙인 이름이다.

길앞잡이 우리나라 길앞잡이류 중에서 가장 크며 개체마다 체색변이가 나타난다.

길앞잡이 짝짓기 수컷이 큰턱으로 암컷의 몸통을 잡고 짝짓기
를 한다.

길앞잡이 흑색형 1만 마리 가운데 1마리가 보일 정도로 개체 수
가 적다.

길앞잡이 흑색형

길앞잡이 사체 크기를 짐작할 수 있다. 부드러운 속날개가 보인
다. 몸길이는 20mm 정도다.

길앞잡이 애벌레 집 6월에 낳은 알이 이듬해 8월에
성충이 된다. 그러나 바로 굴에서 나오지 않고 그해 겨울을
보낸 다음 다시 그 이듬해 5월에 굴에서 나와 생활한다.
짝짓기 후 알을 낳고 죽는다. 애벌레는 등에 갈고리가
있어 수직 벽에 의지하고 있다가 먹이를 잡는다.

길앞잡이 애벌레 집의 크기를
짐작할 수 있다.

아이누길앞잡이 몸길이는 16~21mm, 애벌레는 땅에 굴을 파고 들어가 먹이를 잡는다.

아이누길앞잡이 4~6월에 많이 보인다.

아이누길앞잡이 딱지날개에 황백색의 독특한 무늬가 있으며 가슴 아랫면과 다리에 털이 많다.

아이누길앞잡이 짝짓기 수컷이 큰턱으로 암컷의 몸통을 잡고 짝 짓기를 한다.

무녀길앞잡이 다리가 길어 달리기에 적합하다.

무녀길앞잡이 딱지날개에 나타난 무늬가 무녀(무당)들이 사용하는 도구처럼 보인다. 서해안 갯벌이나 폐염전에 많이 보인다.

무녀길앞잡이 6~9월에 성충을 볼 수 있다.

무녀길앞잡이 큰턱이 매우 발달했다.

무녀길앞잡이 사체 크기를 짐작할 수 있다(몸길이는 11~13mm다).

꼬마길앞잡이 몸길이는 8~11mm다. 긴 다리로 매우 빠르게 움직인다. 밤에 불빛에 찾아든다.

꼬마길앞잡이 6~9월에 성충을 볼 수 있다. 큰턱이 발달했다.

화흥깔따구길앞잡이 몸길이는 11~12mm로 갯벌이나 염전에서 자주 보인다.

화흥깔따구길앞잡이 딱지날개 끝부분에 하얀색 대각선 무늬가 있다. 다리가 길어 빨리 기어 다니며 불빛에 찾아들기도 한다. 서식지의 감소로 최근 개체 수가 급격하게 줄어들고 있다.

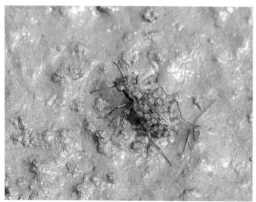

꼬마길앞잡이붙이 농작물 근처에서 산다. 5월 21일 논에서 만난 개체다.

꼬마길앞잡이붙이 몸길이는 8~9mm, 몸 전체에 굵은 점각이 얽은 것처럼 보인다.

조롱박먼지벌레아과(딱정벌레상과 딱정벌레과)

먼지벌레 중에서 가슴이 길어 위에서 보면 조롱박처럼 보인다고 해서 붙인 이름입니다. 육식성이며 주로 밤에 활동합니다.

큰조롱박먼지벌레 몸길이는 25~45mm, 조롱박먼지벌레류 중 가장 크다. 앞가슴등판의 앞 가장자리가 둥글다.

큰조롱박먼지벌레 애벌레와 성충 모두 육식성이다. 주로 바닷가 모래 언덕에서 보인다. 6~10월까지 볼 수 있으며 뒷날개가 없어서 날지 못한다.

가는조롱박먼지벌레 가운뎃다리 종아리마디에 가시 돌기가 2개 있다.

가는조롱박먼지벌레 앞가슴등판 뒤 가장자리가 잘록하고 딱지날개에 점각렬이 뚜렷하다.

가는조롱박먼지벌레 몸길이는 17~22mm다. 5~10월경 성충을 볼 수 있으며 낮에는 굴을 파서 쉬고 밤에 활동한다.

가는조롱박먼지벌레가 방어 행동을 하고 있다.

■■■ 긴조롱박먼지벌레 종아리마디 바깥쪽에 가시 돌기가 하나 있다.
■■■ 긴조롱박먼지벌레 몸길이는 15~19mm 정도다.
■■■ 긴조롱박먼지벌레 생태가 잘 안 알려진 종이다. 5월 13일에 염전 근처에서 만났다. 낮에는 쉬고 밤에 활동한다.

　우리나라에 있는 알가슴먼지벌레속에는 몇 종이 기록되어 있습니다. 워낙 작고 비슷하게 생겨서 사진만으로 구별하기가 어렵습니다. 참고용으로 알가슴먼지벌레속 2종을 싣습니다.

알가슴먼지벌레류 *Dyschiriodes* sp.

알가슴먼지벌레류 *Dyschiriodes* sp.

먼지벌레아과(딱정벌레상과 딱정벌레과)

먼지벌레들은 긴 다리로 성큼성큼 걷기도 하고 휘날리듯 달리기도 합니다. 바람에 먼지가 일듯 말이죠. 그래서 붙인 이름입니다. 또는 먼지 더미 같은 곳에서 먹이를 찾는다고 해서 붙인 이름이라고도 합니다. 육식성으로 야행성이 많습니다.

별강먼지벌레 몸길이는 4~5mm, 딱지날개 뒤 3분의 1 지점에 황갈색 둥근 점무늬가 있다.

별강먼지벌레 성충은 물가의 모래 등에서 4~9월까지 볼 수 있다.

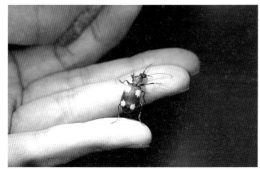

큰털보먼지벌레의 크기를 짐작할 수 있다. 몸길이는 17~19mm 다.

큰털보먼지벌레 딱지날개에 노란 점무늬가 4개 있다. 5~8월에 보이며 육식성이다.

큰털보먼지벌레 딱지날개에 굵은 세로줄이 파여 있고 앞가슴등판에도 점각이 돌출되어 있다. 낙엽이 쌓인 곳에서 자주 보인다.

큰털보먼지벌레 야행성이다.

등빨간먼지벌레 몸길이는 17~20mm다.

등빨간먼지벌레 흑색형 딱지날개에 붉은색이 없는 개체도 있다.

등빨간먼지벌레 흑색형과 적색형 비교

등빨간먼지벌레 흑색형 비슷하게 생긴 고려등빨간먼지벌레와는 앞가슴등판의 모양이 다르다.

밤에 자주 보이는 등빨간먼지벌레 딱지날개가 붉은색이다. 등화 천에 찾아왔다. 더듬이가 채찍형이다.

등빨간먼지벌레 5~10월까지 보인다. 먼지벌레는 입이 앞을 향하는 전구식이다. 하구식인 거저리와 구별된다.

만주강변먼지벌레 몸길이는 3∼5mm다.

만주강변먼지벌레 딱지날개에 독특한 무늬가 나타난다. 11월 12일 하천가에서 만난 개체. 성충으로 월동하는 것 같다.

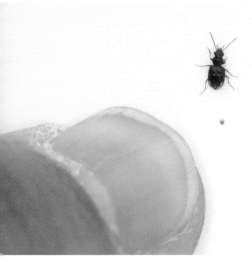

검은강변먼지벌레 몸길이는 3.5mm 내외다.

검은강변먼지벌레 딱지날개 뒤쪽에 한 쌍의 둥근 노란색 반점이 나타난다. 11월 12일 하천가에서 만났다. 성충으로 월동하는 것으로 보인다.

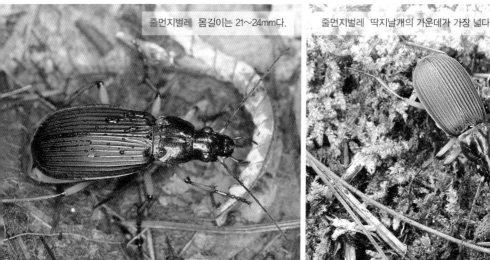

줄먼지벌레 몸길이는 21∼24mm다.

줄먼지벌레 딱지날개의 가운데가 가장 넓다.

- 줄먼지벌레 딱지날개는 볼록하고 점각렬이 뚜렷하다.
- 줄먼지벌레 앞가슴등판은 구릿빛, 초록빛 등 체색 변이가 있으며 광택이 난다. 육식성이며 5~8월에 볼 수 있다. 다리는 황갈
  색이며 넓적다리마디와 발목마디 관절이 검은색이다. 성충으로 겨울을 나고 애벌레는 여름에 자란다.

- 노랑테먼지벌레 몸길이는 10~13mm다.
- 노랑테먼지벌레 다리는 노란색이며 딱지날개에 점각렬이 뚜렷하다. 앞가슴등판 양옆, 딱지날개 가장자리에 노랑 테가 있어
  붙인 이름이다. 노랑 테가 희미한 개체도 있다.
- 노랑테먼지벌레 5~7월에 볼 수 있으며 애벌레와 성충 모두 육식성이다.

- 큰노랑테먼지벌레의 크기를 짐작할 수 있다.
- 큰노랑테먼지벌레 딱지날개는 초록색이며 줄무늬가 선명하다.
- 큰노랑테먼지벌레 5~7월에 볼 수 있으며 애벌레와 성충 모두 육식성이다.

■ 풀색먼지벌레 몸길이는 12~19mm다. 낙엽이 있는 곳에서
많이 보이며 육식성이다.

■ 풀색먼지벌레 5~8월에 보이며 성충으로 여러 마리가 같이
월동한다.

■ 풀색먼지벌레 머리, 앞가슴등판, 딱지날개가 광택이 나는
초록색이다.

■ 풀색먼지벌레 머리에 점각과 주름 무늬가 있으며 가운데
부분이 매끈하다.

■ 풀색먼지벌레 암수

끝무늬먼지벌레 딱지날개 끝에 있는 노란색 무늬가 서로 연결되어 있다.

끝무늬먼지벌레 몸길이는 12~14mm, 5~8월에 볼 수 있다. 앞가슴등판의 점각이 크고 딱지날개에 줄무늬가 선명하다.

끝무늬먼지벌레 육식성이며 전국적으로 분포한다.

끝무늬녹색먼지벌레 끝무늬먼지벌레와 비슷하지만 앞가슴등판의 점각이 작고 딱지날개의 줄무늬도 선명하지 않다.

끝무늬녹색먼지벌레 몸길이는 12mm 정도로 전국적으로 분포한다. 끝무늬먼지벌레보다 광택이 덜하다.

● 쌍무늬먼지벌레, 노랑무늬먼지벌레 비교

쌍무늬먼지벌레	노랑무늬먼지벌레
앞가슴등판에 초록빛 광택이 돈다. * 체색 변이가 있다.	앞가슴등판에 붉은빛, 구릿빛 광택이 돈다. * 체색 변이가 있다.
딱지날개에 털이 더 많다.	딱지날개에 털이 적다.
앞가슴등판과 딱지날개가 이어지는 부분이 노랑무늬먼지벌레보다 더 좁다.	앞가슴등판과 딱지날개가 이어지는 부분이 쌍무늬먼지벌레보다 더 넓다.

쌍무늬먼지벌레 딱지날개 끝부분에 노란색 무늬가 한 쌍 있다.

쌍무늬먼지벌레 노랑무늬먼지벌레보다 딱지날개에 털이 많다.

쌍무늬먼지벌레 몸길이는 14～15mm, 4～9월에 보인다. 전국적으로 분포하며 애벌레와 성충 모두 육식성이다.

노랑무늬먼지벌레 몸길이는 12～13mm, 딱지날개 끝부분에 노란색 점무늬가 한 쌍 있다.

노랑무늬먼지벌레 5～8월까지 보이며 애벌레와 성충 모두 육식성이다. 쌍무늬먼지벌레보다 딱지날개에 털이 적다.

날개끝가시먼지벌레 몸길이는 10～13mm다. 딱지날개는 청동색이며 점각렬이 뚜렷하다. 날개 뒤 가장자리에 가시 같은 돌기가 있다.

날개끝가시먼지벌레 4～10월에 보이며 전국적으로 분포한다. 밤에 불빛에 잘 찾아든다.

목가는먼지벌레 몸길이는 20~35mm 정도다.

목가는먼지벌레 머리가 길쭉해서 붙인 이름이다.

목가는먼지벌레는 동그라미로 표시한 부분이 검은색이다.

목가는먼지벌레 다리가 길다. 전국적으로 분포하며 애벌레와 성충 모두 육식성이다.

머리먼지벌레 몸길이는 20~24mm, 우리나라 먼지벌레 중 가장 크다. 몸은 검은색이며 머리는 크고 광택이 있다.

머리먼지벌레 6~8월에 자주 보이며 불빛에도 잘 날아온다. 딱지날개에 세로 홈이 10줄 있으며 다리는 연한 황갈색이다.

가는청동머리먼지벌레 머리와 앞가슴에 청동색 광택이 난다.

가는청동머리먼지벌레의 크기를 짐작할 수 있다.

가는청동머리먼지벌레 딱지날개에 세로 홈이 발달해 있으며
볼록한 타원형이다. 성충과 애벌레 모두 나비목 애벌레를 잡아
먹는 육식성이다.

가는청동머리먼지벌레 몸 전체에 청동빛이 도는 개체도 있다.

가는청동머리먼지벌레 전혀 청동빛이 없는 개체도 있다.

가는청동머리먼지벌레 성충으로 월동한다. 봄에 만난 개체다.

가슴털머리먼지벌레 머리와 앞가슴에 광택이 난다.

가슴털머리먼지벌레 머리가 넓으며 약간 볼록하다. 다리는 연한 황갈색이다.

가슴털머리먼지벌레 **체색 변이종(추정)**

긴머리먼지벌레 불빛에 잘 찾아든다.

긴머리먼지벌레 생태 정보가 없다. 7월 29일 불빛에 찾아든 개체다.

설악머리먼지벌레 딱지날개에 짧은 금색 털이 빽빽하다. 머리
가 넓은 편이며 약간 볼록하다.

설악머리먼지벌레 전체적으로 검은색이다.

털머리먼지벌레 몸길이는 7~10mm, 전체적으로 광택이 약한 검은색이며 짧은 털로 덮여 있다. 야행성이다.

한국머리먼지벌레 전체적으로 광택이 나는 검은색이다. 딱지날개에 세로 홈이 잘 발달했다.   한국머리먼지벌레 낮에도 보인다.

붉은윤머리먼지벌레 딱지날개의 색이 더 진하다. 10mm 내외로 여름에 자주 보인다.

먼지벌레 전체적으로 검은색이며 광택이 난다. 몸길이는 13mm 정도다.

먼지벌레 성충으로 월동하며 야행성으로 육식성이다.

먼지벌레류 *Anisodactylus* sp.

좁쌀털머리먼지벌레 일종 *Dicheirotrichus obsoletus*

좁쌀털머리먼지벌레 일종 *Dicheirotrichus obsoletus*

큰둥글먼지벌레 크기를 짐작할 수 있다. 몸길이는 17~21mm다.

큰둥글먼지벌레 겹눈 안쪽에 긴 털이 있다. 딱지날개에 세로줄 무늬가 있다.

큰둥글먼지벌레 광택이 있는 검은색이며 머리가 넓다. 봄부터 가을까지 볼 수 있으며 이 속 중에서 몸길이가 가장 길다. 성충으로 월동한다.

■■■ 큰먼지벌레 광택이 나는 검은색으로 몸길이는 24mm 정도. 성충으로 월동하며 6~7월에 가장 많이 보인다. 다리는 검은색이다.

■■■ 큰먼지벌레의 크기를 짐작할 수 있다.

■■■ 큰먼지벌레 딱지날개엔 세로 홈 10줄이 줄무늬처럼 연결되어 나타난다. 주로 밤에 활동한다.

■■ 한국길쭉먼지벌레 몸길이는 20mm 정도다.

■■ 한국길쭉먼지벌레 딱지날개에 세로줄이 7줄 있으며 광택이 있고 보랏빛이 돈다. 앞가슴등판 아래에 동그랗게 눌린 자국이 있다.

중국먼지벌레는 머리 쪽에 붉은 반점이 나타나는 특징이 있다.

■■ 중국먼지벌레 몸길이는 14mm 정도다.

■■ 중국먼지벌레 몸은 검은색이며 광택이 강하다.

■■■ 중국먼지벌레 다리는 황색이며 6~8월에 보인다. 전국적으로 분포하며 애벌레, 성충 모두 육식성이다. 성충으로 월동하며 머리가 작은 편이다.

폭탄먼지벌레 몸길이는 11~18mm다. 머리와 딱지날개에 독특한 무늬가 있다. 애벌레와 성충 모두 육식성이다. 특히 사체를 잘 먹어 치운다.

폭탄먼지벌레 위협을 느끼면 100도에 가까운 뜨거운 가스와 액체를 내뿜는다. 주성분은 벤조퀴논이며 냄새가 자극적이며 소리도 난다.

폭탄먼지벌레 수컷 전국적으로 분포하며 5~9월에 보인다.

폭탄먼지벌레 암컷 배마디의 2~3마디가 딱지날개 밖으로 나와 있다(동그라미 친 부분).

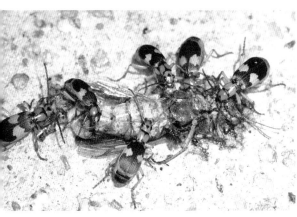

사체 청소 곤충 폭탄먼지벌레

겹눈 사이의 무늬가
복잡하다.

노란색 무늬가
물결 모양이다.

남방폭탄먼지벌레

남방폭탄먼지벌레의 크기를 짐작할 수 있다.

뜨거운 방귀를 내뿜는 남방폭탄먼지벌레 기후변화의 영향으로
남쪽뿐만 아니라 중부지방에서도 관찰된다.

남방폭탄먼지벌레 폭탄먼지벌레와 생태가 비슷하다. 남쪽으로
갈수록 더 많이 보인다.

큰목가는먼지벌레 폭탄먼지벌레와 같은 폭탄먼지벌레아과에
속한다. 100도 가까운 벤조퀴논을 내뿜는다. 딱지날개는 광택이
있는 보랏빛이나 남색이 돌며 세로 홈이 7줄 있다.

큰목가는먼지벌레 몸길이는 6~12mm, 4~5월, 8~9월에 성충을
볼 수 있다.

꼬마목가는먼지벌레 폭탄먼지벌레아과로 건드리면 100도 가까운 벤조퀴논을 내뿜는다.

꼬마목가는먼지벌레 머리와 다리는 연한 황색이다.

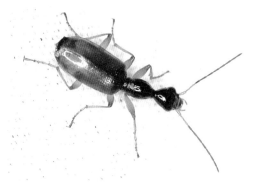

재미있게 생긴 산목대장먼지벌레 앞가슴등판이 길쭉해 붙인 이름이다.

산목대장먼지벌레 몸길이는 6~7mm다.

칠납작먼지벌레류

만주애납작먼지벌레 몸길이는 13~18mm다. 광택이 강한 검은색이며 앞가슴등판은 네모지게 보인다. 9월 밤에 만난 개체다.

큰납작먼지벌레 광택이 나는 검은색이다.

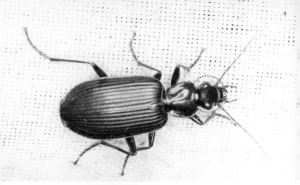

큰납작먼지벌레 겹눈 사이에 붉은색 점 2개가 선명하게 보인다.

큰납작먼지벌레 몸길이는 13~16mm, 앞가슴등판 앞쪽이 뒤쪽보다 넓다.

붉은칠납작먼지벌레 짝짓기

붉은칠납작먼지벌레 암컷

붉은칠납작먼지벌레 몸길이는 13~17mm다. 앞가슴등판이 둥근 느낌이다. 6월에 만난 개체다.

남색납작먼지벌레 몸길이는 8~9mm, 딱지날개는 광택이 나는 청람색, 종아리마디와 발목마디는 황갈색이다. 딱지날개에 세로 홈이 촘촘하다. 앞가슴등판은 타원형으로 좁은 편이다.

모래사장먼지벌레 딱지날개에 굵은 세로 홈이 있다. 큰턱이 안 쪽으로 구부러져 있고 머리의 너비가 넓다.

모래사장먼지벌레 크기를 짐작할 수 있다. 몸길이는 20~26mm다.

미륵무늬먼지벌레 다리는 황색이며 몸 전체에 부드러운 털이 덮여 있다.

미륵무늬먼지벌레 몸길이는 11~13mm다. 더듬이 아래쪽은 다리처럼 황색이며 위로 갈수록 색이 진해진다.

미륵무늬먼지벌레 풀색먼지벌레와 비슷하게 생겼지만 앞가슴등판의 모양이 다르다.

쌍점박이먼지벌레 몸길이는 8~9mm다. 몸은 전체적으로 진한 갈색이며 딱지날개 뒷부분에 안경 모양의 무늬가 한 쌍 있다.

쌍점박이먼지벌레 불빛에 찾아든다.

쌍점박이먼지벌레 하얀색 점무늬만 있는 개체다.

쌍점박이먼지벌레 딱지날개 뒤의 무늬는 변이가 있다.

일본해변먼지벌레 몸길이는 7~10mm다.

일본해변먼지벌레 머리와 가슴은 검은색이고 딱지날개는 연한 갈색이다. 딱지날개에 세로 홈이 있다. 생태 정보가 없다. 5월 초 폐염전에서 본 개체다.

■ 한라십자무늬먼지벌레 몸길이는 5～6mm다. 앞가슴등판은 둥근 편이며 딱지날개에 붉은빛을 띤 갈색의 굵은 화살표 무늬가 있다. 무늬는 변이가 있다.

■ 한라십자무늬먼지벌레 야행성으로 밤에 불빛에도 잘 찾아든다.

■ 육모먼지벌레 몸길이는 5mm 정도다. 붉은색 가슴등판이 6각형이라 붙은 이름인 듯하다. 학명의 'pent'는 오각형을 뜻한다(학명 *Pentagonica subcordicollis* Bates, 1873). 보는 각도에 따라 오각형이나 육각형으로 보인다. 7월 초 산지의 풀밭에서 만났다.

■ 두점박이먼지벌레 딱지날개 끝이 둥글지 않고 일직선이다. 배가 딱지날개 밖으로 나온 것을 보니 암컷이다.

■ 두점박이먼지벌레 몸길이는 12～13mm, 딱지날개 앞쪽에 밝은 갈색 무늬가 한 쌍 있다.

■ 두점박이먼지벌레 5～10월에 보이며 육식성이다. 황색의 다리는 길고 잘 발달했다.

■■■ 멋쟁이밑빠진먼지벌레 몸길이는 12mm 내외, 딱지날개의 무늬가 화려해 붙인 이름이다.
■■■ 멋쟁이밑빠진먼지벌레 왕버섯벌레 무리와 무늬가 비슷하지만 더듬이가 다르다.
■■■ 멋쟁이밑빠진먼지벌레 수액이 흐르는 곳에서 자주 보인다.

■■■ 멋쟁이밑빠진먼지벌레 딱지날개 밖으로 몸이 빠져나와 '밑빠진'이란 단어가 붙었다.
■■■ 일본밑빠진먼지벌레 멋쟁이밑빠진먼지벌레와 무늬가 다르다.
■■■ 일본밑빠진먼지벌레 최근에 국명이 지어졌다.

■■■ 일본밑빠진먼지벌레 딱지날개에 독특한 무늬가 2쌍 있으며 황색도 있고 붉은색도 있다. 딱지날개 세로줄이 선명하다. 버섯에
　　서 자주 보인다.
■■■ 일본밑빠진먼지벌레의 크기를 짐작할 수 있다.

꼬마노랑먼지벌레 몸길이는 3.5mm 내외, 누런빛이 도는 갈색이며 한여름 불빛에 찾아든다. 7월에 불빛에 찾아든 개체다.

해변선두리먼지벌레 전체적으로 갈색을 띤 작은 먼지벌레다. 이름과 다르게 산에서도 발견된다. 4월에 본 개체다.

해변선두리먼지벌레 크기를 짐작할 수 있다. 몸길이는 5mm 내외다.

무늬이빨먼지벌레 몸길이는 5mm 내외, 머리는 검은색이며 딱지날개에 독특한 무늬가 있다. 6월 불빛에 찾아든 개체다.

흑가슴좁쌀먼지벌레 몸길이는 5mm 내외이며 머리와 앞가슴 가운데, 날개 봉합 부분을 뺀 몸은 갈색이다. 불빛에 찾아든 개체다.

붉은가슴좁쌀먼지벌레 몸길이는 5~6mm, 머리는 검은색이며 앞가슴등판은 적갈색이다. 딱지날개의 봉합 부분을 제외한 전체가 머리와 같은 색이다.

붉은가슴좁쌀먼지벌레 이른 봄에 만난 개체다. 성충으로 월동하는 것으로 보인다.

검정가슴먼지벌레 몸길이는 9~12mm, 머리가 좁고 앞가슴등판이 하트 모양처럼 생겼다.

검정가슴먼지벌레 딱지날개에 청람색 광택이 나며 뚜렷한 세로 홈이 있다. 4~5월 무렵에 보인다.

노랑가슴먼지벌레 몸길이는 7mm 내외, 머리와 딱지날개를 제외한 몸은 적갈색이다. 머리와 딱지날개에 청람색 광택이 돈다.

노랑가슴먼지벌레 앞가슴등판이 하트 모양이다.

- 월악무늬먼지벌레 미륵무늬먼지벌레와 비슷하지만 초록빛이 더 강하고 어깨보다 앞가슴등판의 너비가 더 넓다. 더듬이 시작 부위부터 두 번째 마디까지는 밝은색이지만 그 위로 색이 진해진다. 몸길이는 15mm 내외로 5월에 만난 개체다.
- 습지먼지벌레 몸길이는 15mm 정도, 더듬이는 적갈색이며 다리는 황갈색이다.

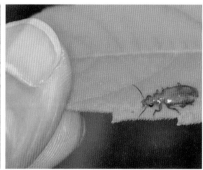

- 납작선두리먼지벌레 몸은 전체적으로 황갈색이며 위아래로 납작하다.
- 납작선두리먼지벌레의 크기를 짐작할 수 있다. 몸길이는 9~10mm다.
- 납작선두리먼지벌레 딱지날개에 점각으로 된 세로 홈이 있다. 겹눈이 크게 돌출되었고 4~9월에 볼 수 있다.

- 윤줄납작먼지벌레 몸길이는 8~11mm, 몸이 납작하며 앞가슴등판이 독특하게 생겼다. 머리는 길쭉하며 전체적으로 광택이 나는 검은색이지만 앞가슴등판 가두리, 더듬이, 종아리마디 아래쪽은 붉은빛을 띤 갈색이다.
- 줄납작밑빠진먼지벌레 몸길이는 9~10mm, 딱지날개는 광택이 나는 적갈색이며 가장자리에 청람색 테두리가 둘러져 있다. 나무에 서식하며 육식성이다.
- 줄납작밑빠진먼지벌레의 크기를 짐작할 수 있다.

우리 주변에는 몸 형태가 비슷한 먼지벌레들이 많습니다. 사진만으로 구별하기 힘든 종들이지요. 생식기를 보거나 현미경으로 아주 미세한 부분을 들여다봐야 구별이 가능한 종도 많습니다.

그 가운데 둥글먼지벌레라는 종이 있습니다. 앞서 소개한 큰둥글먼지벌레를 비롯해 우수리둥글먼지벌레, 애둥글먼지벌레, 제주둥글먼지벌레, 사천둥글먼지벌레 등 많은 둥글먼지벌레가 살아갑니다. 하지만 둥글먼지벌레들을 구별하기 힘들어, 비슷하면서도 조금씩 다른 둥글먼지벌레들을 둥글먼지벌레류라 소개하고, 괄호 안에 관찰한 날짜를 표기하는 것으로 대신합니다.

둥글먼지벌레류(04. 04.)

둥글먼지벌레류(04. 14.)

둥글먼지벌레류(05. 22.)

둥글먼지벌레류(06. 18.)

먼지벌레들은 애벌레나 성충 모두 육식성이며 우리 주변에서 쉽게 볼 수 있는 대표적인 딱정벌레입니다. 하지만 비슷한 종이 많고 수도 많아 일일이 이름 불러주기가 만만치 않습니다. 먼지벌레류는 대표적인 사체 청소 곤충으로 생태계를 건강하게 유지해줍니다.

엷은먼지벌레 몸길이는 5mm 내외다. 9월에 본 개체다. 이른 봄에도 성충이 보여 성충으로 월동하는 것 같다. 머리는 검은색이고, 몸이 엷은 갈색이다. 앞가슴등판 테두리와 날개 봉합선이 검은색, 앞가슴등판은 진한 갈색이다.

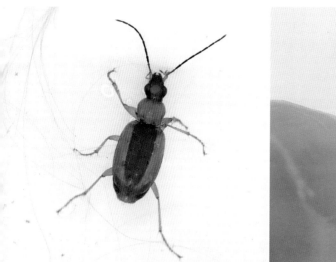

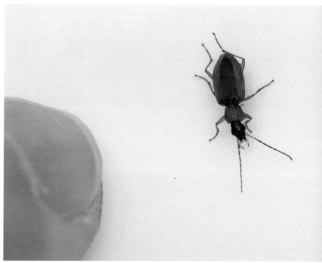

등줄먼지벌레 몸길이는 7mm정도이며, 몸은 전체적으로 광택이 나는 누런 갈색이다. 머리는 광택이 있는 푸른 초록빛이다. 딱지날개에 어두운 녹색 세로띠가 나타난다. 6~8월에 많이 보인다.

딱정벌레붙이아과

(딱정벌레상과 딱정벌레과)

딱정벌레붙이는 몸길이가
20∼24밀리미터이고 위
아래로 약간 납작합니
다. 전제적으로 검은색
이지만 다리의 종아리
마디만 밝은 갈색입니
다. 6∼10월까지 강이나
바닷가의 모래밭에서 주로
보입니다. 딱지날개에 세로 홈
이 뚜렷하고 끝이 약간 뾰족합니
다. 앞가슴등판이 매우 독특하게
생겼습니다. 육식성 딱정벌레로 낮

딱정벌레붙이(딱정벌레붙이아과)

에는 모래 언덕의 경사진 곳에다 구멍을 파고 숨어 지내다가 밤에 활동합니
다. 모래 속에 둥그런 번데기 방을 만듭니다.

딱정벌레아과(딱정벌레상과 딱정벌레과)

갑옷을 입은 듯 단단한 딱지날개가 특징입니다. 광택이 나는 딱지날개에 점
무늬나 줄무늬가 많습니다. 속날개가 퇴화하여 날지 못하고 걸어서 이동하는
보행충이 많습니다.

　육식성이며 낮에는 돌이나 나무껍질 등에 숨어 있다가 밤이 되면 활동하
는 야행성이 많습니다. 서식지 환경에 따라 개체 변이가 심합니다.

멋쟁이딱정벌레 몸길이는 28〜40mm로 대형이다.

멋쟁이딱정벌레 위에 통거미가 올라가 있다.

멋쟁이딱정벌레 흙 속에서 성충으로 월동하거나 종령 애벌레로 월동할 경우 이른 봄에 번데기가 되고 5월에 성충이 된다. 야행성이며 주로 6〜8월에 많이 보인다.

멋쟁이딱정벌레 다양한 체색 변이가 나타난다.

멋쟁이딱정벌레

배 끝에 있는 가시 같은 돌기의 끝이 두 갈래로 갈라진다.

멋쟁이딱정벌레 애벌레

멋쟁이딱정벌레 애벌레 옆면

■■▪ 홍단딱정벌레 몸길이는 25~45mm로 대형종이다. 딱지날개가 붙어서 날지 못한다. 다리가 길어 숲에서 걸어 다니며 활동한다.

■■▪ 홍단딱정벌레 야행성으로 육식성이다.

■■▪ 홍단딱정벌레 딱지날개는 광택이 있는 검붉은색이며 다리는 검은색이다. 멋쟁이딱정벌레와 비슷하지만 딱지날개에 있는 돌기 모양이 다르다. 애벌레는 1년간 땅속에서 지내며 이듬해 여름 성충으로 우화한다.

애딱정벌레 몸길이는 18mm 정도로, 앞가슴등판 가운데 세로 홈이 2줄 파여 있다.

애딱정벌레 딱지날개에 점선 모양으로 볼록 돌기가 3줄 있다. 5~9월에 활동하며 주로 나비목 애벌레를 먹는 육식성이다.

우리딱정벌레가 속한 분류군에는 '○○우리딱정벌레'라고 부르는 비슷한 딱정벌레가 너무 많습니다. 대충 이름만 적어도 산우리딱정벌레, 북방우리딱정벌레, 강원우리딱정벌레, 서울우리딱정벌레, 평안우리딱정벌레, 남해우리딱정벌레……

다음 개체는 모두 서울 인근, 경기권에서 관찰한 개체입니다. 서울우리딱정벌레일 확률이 아주 높은 개체들이지만 세세하게 구별할 수가 없네요. 여기에서는 우리딱정벌레라 하고 사진과 일반적인 생태를 설명하는 것으로 대신합니다.

우리딱정벌레 몸길이는 20mm 내외다. 딱지날개에 파인 홈들이 세로로 이어져 줄처럼 보이는데 10개 정도가 뚜렷하게 보인다.

우리딱정벌레 다양한 체색 변이가 나타난다.

우리딱정벌레 앞가슴등판 앞가두리에 초록색이 살짝 보이는 개체다.

우리딱정벌레 초록빛이 도는 개체다.

우리딱정벌레 암컷 배가 딱지날개 뒤쪽으로 나왔다.

우리딱정벌레 몸에 기생성 응애가 붙어 있다. 이 응애는 딱정벌레
가 먹이를 먹을 때 내려와서 먹이에 붙어 있는 파리 알이나 구더기
등을 먹어 치워 딱정벌레가 더 많이 먹을 수 있게 해준다고 한다.

우리딱정벌레 야행성으로 주로 지렁이 같은 먹이를 좋아한다.

우리딱정벌레 흑색형

윤조롱박딱정벌레 몸길이는 22~35mm로 야행성이다. 보통 딱정벌레보다 다리가 길다. 멋조롱박딱정벌레보다 크고 딱지날개의 무늬도 다르다.

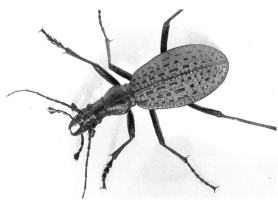

윤조롱박딱정벌레 딱지날개의 돌기는 직사각형에 가깝고 대체로 나란히 있다. 이름의 '윤'은 우리나라 곤충학자인 윤인호의 성에서 따왔다.

윤조롱박딱정벌레 암수 5월 오대산에서 밤에 관찰한 개체다.

    우리나라 딱정벌레 중 '○○줄딱정벌레'란 이름의 종이 아주 많습니다. 아직 정확한 분류나 동정이 이루어지지 않은 무리라고 할 수 있습니다. 고려줄딱정벌레, 민줄딱정벌레, 청진민줄딱정벌레, 원산민줄딱정벌레……. 여기에서는 고려줄딱정벌레라는 이름과 사진으로 대신합니다.

고려줄딱정벌레 몸길이는 25~34mm, 야행성 딱정벌레다.

고려줄딱정벌레 머리와 다리를 제외하곤 광택이 없는 검은 색이다.

고려줄딱정벌레 6~9월에 자주 보이며 딱지날개에 볼록한 세로줄이 있다.

고려줄딱정벌레 얼굴

고려줄딱정벌레가 긴다색풍뎅이를 먹고 있다. 밤에 볼 수 있는 대표적인 딱정벌레다.

고려줄딱정벌레 육식성이며 다양한 먹이를 먹는다. 밤에 갈색여치를 먹고 있다. 야행성답게 밤에 자주 보인다.

고려줄딱정벌레가 나무 틈 사이에서 먹이를 먹고 있다.

검정명주딱정벌레 몸길이는 24~40mm다. 암컷이 크다.

검정명주딱정벌레 광택이 있는 흑록색이며 딱지날개에 세로줄 15줄이 선명하다. 딱지날개 가장자리에 광택이 나는 초록빛이 돈다. 5~6월에 많이 보이며 야행성이다.

검정명주딱정벌레가 나방 애벌레를 사냥하고 있다.

검정명주딱정벌레 족제비 똥을 먹고 있다.

풀색명주딱정벌레 몸길이는 17∼34mm로 검정명주딱정벌레보다 작다.

풀색명주딱정벌레 광택이 나는 청동빛이 강하며 딱지날개에 세로줄이 17줄 있다.

풀색명주딱정벌레 성충으로 월동하며 주로 5월에 많이 보인다.

풀색명주딱정벌레 계곡 주변의 작은 나무 위에서 나비목 애벌레를 먹고 있는 모습이 자주 보인다.

다식아목

● 풍뎅이붙이과(물땡땡이상과)

풍뎅이를 납작하게 누르면 이런 모양이 될까요? 풍뎅이와 비슷하지만 달라서 풍뎅이붙이라는 이름이 붙었습니다. 몸이 납작하기 때문에 주로 나무껍질 속에서 활동합니다. 가끔 개미나 흰개미 집에서 발견되기도 합니다. 몸은 광택이 나는 검은색이 많으며 딱지날개 끝은 잘린 듯한 모양으로 배의 1~2마디가 드러나 있습니다. 몸에 기생성 응애를 많이 달고 다닙니다.

■■■ 아무르납작풍뎅이붙이 몸길이는 11mm 정도다.
■■■ 아무르납작풍뎅이붙이의 크기를 짐작할 수 있다.
■■■ 아무르납작풍뎅이붙이 몸이 납작해 나무껍질 속에서 살기 좋다. 몸 아래쪽에 기생성 응애가 잔뜩 붙어 있다. 나무껍질 속에서 살기 때문이다. 더듬이가 무릎 모양이다.

■■ 아무르납작풍뎅이붙이가 수액을 찾아왔다.
■■ 아무르납작풍뎅이붙이 딱지날개에 점각이 없고 어깨 부분에 짧은 세로 홈이 2줄 있다.

풍뎅이붙이류

풍뎅이붙이류

풍뎅이붙이류

풍뎅이붙이류

● 송장벌레과(반날개상과)

사체를 처리하는 청소 곤충입니다. 주로 송장을 먹기 때문에 붙인 이름입니
다. 더듬이 앞 끝의 4~5마디가 곤봉 모양인 것이 특징입니다. 송장벌레 대부
분이 사체를 먹지만 버섯이나 배설물 그리고 살아 있는 나방 애벌레 등을 사
냥하는 종도 있습니다. 동물의 사체를 찾을 때 피부의 화학 감지 기능을 안테
나처럼 이용한다고 알려졌습니다.

네눈박이송장벌레 몸길이는 10～15mm다. 딱지날개는 황갈
색이며 검은색 점무늬가 선명하다.

네눈박이송장벌레의 크기를 짐작할 수 있다.

네눈박이송장벌레가 날개를 펴고 있다.

네눈박이송장벌레 여느 송장벌레와 달리 사체를 먹지 않고
살아 있는 곤충을 사냥해 먹는다. 5～9월에 보인다.

네눈박이송장벌레 짝짓기 암컷이 먹이를 먹는 동안 수컷이
짝짓기를 시도하고 있다.

▨ 대모송장벌레 몸길이는 20mm 내외다. 예전에 둥근대모송
장벌레라고도 불렸다. 몸 가운데가 두드러지게 볼록하다.
▨ 대모송장벌레 앞가슴등판은 황갈색이며 딱지날개에 세로
융기선이 3줄 있다.
▨ 대모송장벌레 5~8월에 많이 보인다.
▨ 대모송장벌레 동물 사체나 쓰레기 등에 모인다. 노랑망태
버섯에 왔다. 이 버섯은 동물 사체 냄새가 난다.
▨ 대모송장벌레 두더지 사체에 모였다.

이마무늬송장벌레 땃쥐 사체에 왔다. 짝짓기 후 사체에 알을 낳는다.

이마무늬송장벌레 이마에 동그란 붉은색 무늬가 있다(동그라미
친 부분). 이 무늬는 넉점박이송장벌레에게도 있다.

이마무늬송장벌레 몸길이는 14~21mm다.

이마무늬송장벌레 딱지날개에 넓은 주황색 띠무늬가 위아래로 2줄 있다. 띠무늬 안에 검은색 점이 있으면 넉점박이송장벌레, 없으면 이마무늬송장벌레다.

이마무늬송장벌레 칫솔 모양의 더듬이 끝 3마디가 주황색이다. 날기 위해 딱지날개를 열고 속날개를 펼치고 있다.

이마무늬송장벌레 몸에 기생성 응애가 잔뜩 붙어 있다.

주황색 띠무늬 안에 검은색 점이 없다.

이마무늬송장벌레

이마무늬송장벌레와 달리 노란빛이 도는 주황색 띠무늬 안에 검은색 점이 있다.

넉점박이송장벌레

넉점박이송장벌레도 이마무늬송장벌레처럼 빨간색 점무늬가 있다.

넉점박이송장벌레

넉점박이송장벌레 몸길이는 14~21mm, 동물 사체를 먹으며 배설물에서도 관찰된다.

넉점박이송장벌레 몸에 있는 기생성 응애

넉점박이송장벌레 전국적으로 분포하며 4~9월에 볼 수 있다. 개구리 사체를 먹고 있다.

넉점박이송장벌레의 특징이 잘 보인다. 더듬이 끝, 이마 무늬, 주황색 띠 안에 검은색 점이 선명하다.

078

큰넓적송장벌레 몸길이는 23mm 내외다.

큰넓적송장벌레 더듬이 끝에서 다섯 번째 마디부터 갑자기 넓적해진다. 넓적송장벌레와 구별점이다.

큰넓적송장벌레 사체나 배설물 등에 모인다.

큰넓적송장벌레 몸은 푸른빛이 도는 검은색이다.

큰넓적송장벌레 암컷 성충으로 월동하며 봄에 짝짓기한다.

큰넓적송장벌레 애벌레

큰넓적송장벌레가 날개를 펴고 있다.

큰넓적송장벌레 딱지날개 속에 부드러운 그물질의 속날개가 있다.

넓적송장벌레 더듬이 끝이 갑자기 넓어지지 않는다.

넓적송장벌레 몸길이는 15~20mm, 5~8월에 볼 수 있다. 뒷날개는 퇴화하여 날지 못한다. 앞가슴등판의 가운데가 볼록하며 딱지날개 끝은 완만하게 둥글다.

곰보송장벌레 수컷 몸길이는 11mm 내외다. 성충으로 월동하며 이른 봄부터 동물 사체나 배설물에서 관찰된다.

곰보송장벌레 암컷 앞가슴등판과 딱지날개에 울퉁불퉁한 돌기가 있다. 더듬이 끝 3마디는 넓적하다.

곰보송장벌레 애벌레

비둘기 사체

비둘기 사체를 들추자 곰보송장벌레가 떼를 지어 나온다.

꼬마검정송장벌레 몸길이는 8~15mm. 딱지날개가 배의 절반
정도만 덮으며 날개 끝이 잘린 듯한 모양이다.

꼬마검정송장벌레
전체적으로 광택이 있는 검은색이며 6~9월에 보인다.

꼬마검정송장벌레 동물의 사체를 먹고 있다.

검정송장벌레 더듬이 끝 3마디가 주황색 칫솔 모양이다. 광택이 나는 검은색으로 대형종이다.

검정송장벌레 몸길이는 30~45mm, 동물 사체를 땅에 묻고 그 속에 알을 낳는다. 애벌레는 사체를 먹으며 자라고 성충으로 월동한다.

검정송장벌레가 딱지날개를 열자 부드러운 그물질의 속날개가 보인다.

폭탄먼지벌레　검정송장벌레

검정송장벌레 동물 사체에 모인다.

큰수중다리송장벌레 수컷 몸길이는 15~25mm다. 7~8월에 주로 보이며 수컷의 뒷다리의 넓적다리마디가 매우 발달해서 붙인 이름이다('수중'은 '수종'으로 물이 차는 병이다. 곤충 이름 가운데 알통 다리와 비슷한 뜻이다).

큰수중다리송장벌레 암컷 수컷과 달리 뒷다리의 넓적다리마디가 알통 다리가 아니다.

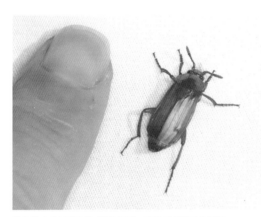

큰수중다리송장벌레(갈색형 암컷) 가끔 갈색형도 보인다.

큰수중다리송장벌레(흑색형 수컷)의 크기를 짐작할 수 있다.

큰수중다리송장벌레 딱지날개에 세로로 된 융기선이 있다. 더듬이 끝 4마디는 넓적하며 3마디는 황갈색이다.

큰수중다리송장벌레 암컷 동물 사체나 배설물에 모이며 불빛에도 자주 찾아든다.

수중다리송장벌레 큰수중다리송장벌레보다는 조금 작고, 더듬이 끝이 황갈색이 아닌 것으로 구별한다.

수중다리송장벌레 수컷의 뒷다리의 넓적다리마디가 매우 발달했다.

금털송장벌레 앞가슴등판과 딱지날개의 돌기가 독특한 송장벌레다.

금털송장벌레 5월에 본 개체. 생태 정보가 거의 없다. 더듬이는 큰넓적송장벌레처럼 갑자기 넓어지지 않는다.

참애송장벌레(애송장벌레과) 몸길이는 4~5mm, 몸은 전체적으로 달걀형이다. 머리는 삼각형이며 앞다리의 넓적다리마디가 발달했다. 몸 전체에 짧고 부드러운 털이 덮여 있다. 성충으로 월동하며 이른 봄부터 보인다. 3월 8일에 만난 개체다.

● 반날개과(반날개상과)

딱지날개의 길이가 몸의 절반밖에 되지 않는 종입니다. 딱지날개가 절반밖에 없어 붙인 이름이지요. 몸 형태는 가느다란 원통 모양이 많으며 활동성이 강합니다. 머리는 크고 앞쪽으로 튀어나와 있습니다. 대부분 육식성이지만 배설물에 모이는 종도 있고 초식성이거나 기생을 하는 종도 있습니다.

노랑털검정반날개 몸길이는 16~19mm로 반날개 중에서 큰 편에 속한다.

노랑털검정반날개 4~10월에 볼 수 있으며 전국적으로 분포한다.

노랑털검정반날개 딱지날개가 배의 절반 정도만 덮고 있다. 배는 유연하여 여러 방향으로 움직일 수 있다.

노랑털검정반날개 딱지날개에 노란색 무늬가 있고 배마디 뒤에도 노란색 점이 2쌍 있다.

녹슬은반날개 몸길이는 13∼16mm, 애벌레와 성충 모두 육식성이지만 버섯에서도 보인다. 5∼9월에 나타난다.

녹슬은반날개 날개덮개 밑에 보이는 제1∼3 배마디가 노란색 털로 덮여 있으며, 앞가슴등판과 딱지날개에 둥근 무늬가 많아 독특하게 보인다.

딱지날개와 앞가슴등판의 둥근 무늬가 선명하다.

녹슬은반날개 약간의 체색 변이가 있다.

홍딱지반날개 몸길이는 15∼19mm, 5∼9월에 보이며 동물 사체나 배설물에 모여든다.

홍딱지반날개 딱지날개와 배의 끝마디가 황갈색이다. 머리와 가슴은 검은색이며 황갈색 털로 덮여 있다.

반날개류

반날개류가 불빛을 보고 날아왔다. 딱지날개 사이로 속날개가 조금 보인다.

청딱지개미반날개 몸길이는 7mm 내외로 몸이 길쭉하고 가늘며 광택이 있다.

청딱지개미반날개의 크기를 짐작할 수 있다.

청딱지개미반날개 딱지날개가 푸른빛이 도는 짙은 초록색이다. 1년 내내 볼 수 있으며 강이나 논 주변에서 자주 보인다. 독이 있어 만지면 물집이 생길 수 있다.

청딱지개미반날개 딱지날개는 앞가슴등판보다 약간 길며 끝이 잘린 것처럼 보인다.

■■■ 우리개미반날개 '곳체반날개'에서 국명이 바뀌었다.

■■■ 우리개미반날개 청딱지개미반날개와 비슷하게 생겼지만 넓적다리마디의 색이 다르고 배 윗면에 굵은 가로줄 무늬가 나타
난다.

■■■ 우리개미반날개 몸길이는 9~13mm, 4~10월에 보이며 비교적 높은 곳에서 발견된다. 앞가슴등판은 매우 볼록하며 딱지날개
가 짧아 배가 거의 다 드러난다. 밤에 불빛에 찾아들기도 한다.

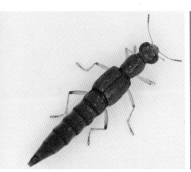

■■■ 구리딱부리반날개 몸길이는 6mm 내외로 5~8월에 많이 보인다. 11월에도 보이는 것으로 보아 성충으로 월동하는 것 같다. 강
가나 하천가에서 많이 보이며 성충은 작은 절지류를 잡아먹는다.

■■■ 구리딱부리반날개의 크기를 짐작할 수 있다.

■■■ 구리딱부리반날개 딱부리란 이름처럼 겹눈이 크게 튀어나왔다. 다리는 노란색이며 넓적다리마디와 종아리마디가 만나는 부
분이 검은색이다.

■■■ 북방긴뿔반날개 몸길이는 5~7mm, 6~8월에 자주 보이며 불빛에도 자주 찾아든다. 딱지날개 바깥쪽이 적갈색을 띤다.

■■■ 큰가슴물가네눈반날개 몸길이는 5~7mm, 전체적으로 광택이 나는 적갈색이며 머리와 가슴은 검은색이다. 불빛에 찾아든 작
은 곤충을 먹고 있다. 딱지날개는 배의 절반보다 조금 길다.

■■■ 큰가슴물가네눈반날개의 크기를 짐작할 수 있다.

반날개는 종류도 많고 생김새도 비슷해 구별하기가 힘든 곤충 중 하나입니다. 주변에서 조금만 관심을 가지면 쉽게 만날 수 있는 곤충이지만 이름 불러주기가 만만치 않지요. 여기에서는 그동안 만난 반날개 종류를 '반날개류'라는 이름으로 소개하는 것으로 반날개 이야기를 대신합니다.

극동입치레반날개 주로 버섯에서 많이 보인다.

반날개류

남색좀반날개 몸길이는 10~14mm, 딱지날개는 금속광택이 있
는 파란색이다.

남색좀반날개 5~8월에 보이며 음식물 쓰레기나 썩은 버섯 등에
서 관찰된다.

반날개류

큰황점빗수염반날개 몸길이는 10∼13mm, 몸이 두껍고 길다. 더듬이가 빗살 모양이다. 4∼10월에 보인다.

반날개과 중에는 '반날개'라는 이름 대신 '버섯벌레'라는 이름이 있는 곤충도 있습니다. 분류 체계가 바뀌어서 나타난 현상이지요. 예전에는 밑빠진버섯벌레과에 속했는데 현재는 반날개과 밑빠진버섯벌레아과에 속합니다. 이름 때문에 버섯벌레일 것 같지만 반날개 종류입니다.

딱지날개는 여느 반날개처럼 절반 정도이지는 않습니다. 배 끝을 완전히 덮지 못해 배 끝 2마디가 딱지날개 밖으로 나온 형태입니다.

밑빠진버섯벌레 더듬이는 11마디다. 제1~6마디는 노란색, 제7~11마디는 검은색으로 부풀어 있다.

밑빠진버섯벌레 몸길이는 5~6mm, 뾰족한 배 끝이 딱지날개 밖으로 빠져나온 듯하여 붙인 이름이다.

밑빠진버섯벌레 딱지날개에 주황색 무늬가 한 쌍씩 있다. 버섯을 먹고 살며 4~6월쯤 많이 보인다.

밑빠진버섯벌레 짝짓기 4월 말에 관찰한 모습이다.

검동밑빠진버섯벌레 밑빠진버섯벌레와 무늬만 빼고는 비슷하게 생겼다. 크기도 비슷하다. 이른 봄부터 보이며 배 끝 2마디가 딱지날개 밖으로 나와 있으며 끝이 뾰족하다.

검동밑빠진버섯벌레 더듬이는 11마디다. 제1~6마디는 노란색이며 제7~11마디는 검은색이다. 염주 모양이며 끝이 부풀어 곤봉처럼 보인다. 성충으로 월동한다.

검동밑빠진버섯벌레 월동체이다. 3월에 관찰했다.

검동밑빠진버섯벌레 짝짓기 6월 말에 관찰했다.

● 알버섯벌레과(반날개상과)

이름 때문에 버섯벌레라고 생각하기 쉽지만 분류군이 다릅니다. 버섯벌레는
머리대장상과의 버섯벌레과에 속하는 곤충이고, 알버섯벌레는 반날개상과의
알버섯벌레과에 속합니다. 크기가 매우 작으며 대부분 알처럼 동글동글하게
생겼습니다. 버섯에서 주로 관찰되기 때문에 버섯벌레과로 혼동하기 쉬운 곤
충입니다.

붉은무늬동근우리알버섯벌레 몸길이는 2~3mm. 딱지날개 앞
쪽에 동그란 붉은색 무늬가 특징이다.

붉은무늬동근우리알버섯벌레 성충으로 월동하는 것 같다. 이른 봄
부터 버섯 주변에서 보인다. 딱지날개에 점각렬이 세로로 선명하게
보인다. 더듬이 끝 4마디가 부풀어 있다. 4월 초에 만난 개체다.

● 금풍뎅이과(풍뎅이상과)

동물의 배설물을 먹고 사는 풍뎅이류로 소똥구리과와 비슷하지만 금풍뎅이
류는 소똥을 굴리지 않습니다. 성충과 애벌레 모두 배설물에 모여듭니다.

보라금풍뎅이 몸길이는 14~22mm, 광택이 강하고 검은색, 녹색, 청색, 보라색 등 변이가 매우 심하다. 딱지날개는 둥글며 점으로 연결된 세로줄이 14줄 있다. 몸의 아랫면과 다리에 부드러운 털이 많다.

보라금풍뎅이 더듬이 마지막 3마디가 넓적해서 삼지창처럼 보인다. 크기를 짐작할 수 있다.

보라금풍뎅이 낮에 동물의 똥을 찾아다니고 사람의 똥에도 모인다. 동물의 배설물을 둥글게 뭉쳐 땅에 묻은 후 산란한다.

보라금풍뎅이 4~9월에 많이 보인다.

보라금풍뎅이 날기 위해 딱지날개를 열고 속날개를 펼치고 있다.

보라금풍뎅이(보랏빛이 강한 개체)　　　보라금풍뎅이(보랏빛과 초록빛이 어우러진 개체)　　　보라금풍뎅이(검은빛이 강한 개체)

참금풍뎅이 몸길이는 9~13.5mm, 몸 형태가 전체적으로 둥근　　　참금풍뎅이 광택이 나는 적갈색, 흑갈색이며 더듬이 끝 3마디가
바가지 모양이다.　　　넓다.

● 사슴벌레과(풍뎅이상과)

사슴벌레는 수컷의 큰턱이 사슴뿔처럼 생겼다고 해서 붙인 이름입니다. 수컷
의 큰턱은 집게 형태로 발달해 있지만 암컷의 큰턱은 짧고 날카롭습니다. 더
듬이는 'ㄴ' 자 형태입니다.

짝짓기 후 암컷은 날카로운 턱으로 나무에 구멍을 낸 다음 그 속에 알을 낳습니다. 애벌레는 썩은 나무의 목질부를 먹고 자라다가 번데기를 만든 후 성충이 되면 나무 밖으로 나옵니다.

사슴벌레과	애보라사슴벌레아과	원표애보라사슴벌레
	꼬마사슴벌레아과	길쭉꼬마사슴벌레
		큰꼬마사슴벌레
		꼬마사슴벌레
		제주뿔꼬마사슴벌레
	사슴벌레아과	사슴벌레
	왕사슴벌레아과	다우리아사슴벌레
		톱사슴벌레
		두점박이사슴벌레
		홍다리사슴벌레
		줄사슴벌레
		애사슴벌레
		대만왕사슴벌레
		털보왕사슴벌레
		왕사슴벌레
		참넓적사슴벌레
		넓적사슴벌레
		꼬마넓적사슴벌레

* 『자연과 생태』 2009년 8월호 참조

■■ 왕사슴벌레 수컷 몸길이는 27~76mm, 큰턱이 길고 안쪽으로 휘어 있으며 끝이 뾰족하다. 위아래로 두 개가 겹쳐져 있다. 다른 사슴벌레류보다 광택이 약하다. 애벌레와 성충으로 월동한다.

■■ 왕사슴벌레 수컷의 크기를 짐작할 수 있다.

■■ 왕사슴벌레 암컷 몸길이는 25~45mm, 몸의 광택이 강하고 딱지날개에 세로줄이 뚜렷하다. 종아리마디 바깥쪽 돌기의 크기가 불규칙하다.

■■ 왕사슴벌레 암컷의 크기를 짐작할 수 있다.

■■ 왕사슴벌레 암수 제주도를 제외한 전국에 분포하며 6~9월에 많이 보인다. 비행성이 낮아 불빛에는 잘 모이지 않는다. 참나무류 수액에서 많이 관찰된다.

종아리마디 바깥쪽에 눈에 띄는 큰 돌기가 없다.

애사슴벌레 수컷 몸길이는 17~54mm, 크기가 다양하다. 작을수록 광택이 강하다. 애벌레와 성충으로 월동한다.

애사슴벌레 암컷

애사슴벌레 암컷

애사슴벌레 암컷 몸길이는 12~30mm다.

애사슴벌레 수컷 큰턱이 얇고 길며 3분의 1 지점 안쪽에 큰 돌기가 하나 있다. 낮에도 보인다.

참나무류 수액에 온 애사슴벌레 수컷 아래에 암컷도 보인다.　애사슴벌레 암컷 딱지날개에 작은 점이 세로로 나란히 있다.
참나무류 수액이나 과일에 잘 모인다.

애사슴벌레 암수 전국적으로 분포하며 5~10월까지 볼 수 있다.

홍다리사슴벌레 수컷 몸길이는 18∼58mm다. 크기가 다양하며
작은 개체일수록 광택이 강하다. 애벌레와 성충으로 월동한다.

홍다리사슴벌레 수컷 아랫면 큰턱이 길고 튼튼하며 평행하다. 큰
턱 끝과 3분의 1 지점의 돌기 사이에 잔돌기가 있다.

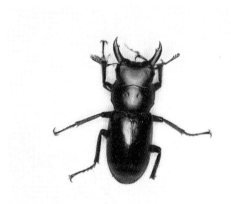

홍다리사슴벌레 수컷 큰턱이 발달하지 못한 개체로 암컷보다
큰턱이 조금 크다.

홍다리사슴벌레, 갈색날개노린재 불빛에 찾아든 개체다.

홍다리사슴벌레 암컷 몸길이는 20∼42mm, 큰턱이 작다. 불빛
에 찾아든 개체다. 6∼9월까지 보이며 나무 진이나 과일에 잘 모
인다. 종아리마디 돌기가 바깥쪽으로 휘었으며 큰 돌기는 없다.

홍다리사슴벌레 암컷 아랫면 암수 모두 다리에 붉은색이 강하다.
'홍다리'란 이름이 붙은 이유다.

넓적사슴벌레 수컷 몸길이는 20~84mm, 크기가 다양하다. 애벌레와 성충으로 월동한다.

넓적사슴벌레 수컷 큰턱이 길고 튼튼하며 평행하다. 아랫부분에 큰 돌기가 하나 있으며 톱니 같은 잔돌기가 많다.

넓적사슴벌레 수컷들이 자리다툼을 하고 있다.

넓적사슴벌레 수컷의 크기를 짐작할 수 있다.

넓적사슴벌레 암컷 몸길이는 20~42mm, 큰턱이 작다.

넓적사슴벌레 암컷 종아리마디의 바깥쪽 돌기가 일정하며 며느리발톱이 유난히 길다.

넓적사슴벌레 암컷이 수액을 먹고 있다.

넓적사슴벌레 암수 6~9월까지 보이며 전국적으로 분포한다. 수액이나 과일에 잘 모인다.

넓적사슴벌레 짝짓기

참넓적사슴벌레 몸길이는 수컷 19~60mm, 암컷 18~32mm이며, 수컷의 크기를 짐작할 수 있다.

참넓적사슴벌레 넓적사슴벌레와 비슷하지만 동그라미로 표시한 부분들의 모양이 다르다. 큰턱이 사슴벌레보다 안으로 더 둥글게 휘었다.

참넓적사슴벌레 성충은 6~8월에 상수리나무 수액에서 많이 보이며 성충으로 월동한다.

참넓적사슴벌레 아랫면

사슴벌레 수컷 몸길이는 27~68mm, 크기가 다양하다. 몸은 갈색 털로 덮여 있고 큰 수컷일수록 머리 돌기가 넓게 발달했다. 큰턱이 사슴뿔처럼 생겼다. 애벌레와 성충으로 월동한다.

사슴벌레 수컷의 크기를 짐작할 수 있다.

사슴벌레 수컷의 공격 자세

사슴벌레 수컷 건드리면 다리를 넓게 벌리고 몸을 치켜세우며 공격 자세를 취한다.

며느리발톱이 넓적사슴벌레에 비해 짧다.

종아리마디의 바깥쪽 돌기가 크고 날카롭다.

사슴벌레 암컷

두점박이사슴벌레 암컷 성충은 5~9월에 주로 보이며 암수 모두 가슴 양쪽에 검은 점 2개가 있다. 제주도가 서식지다.

두점박이사슴벌레 암컷 멸종위기 야생생물 2급으로 사진의 개체는 제주자연생태공원에서 보호하는 종이다.

다우리아사슴벌레 수컷 몸길이는 11~37mm, 크기가 다양하다. 사슴벌레 중 가장 늦게 활동하는 종이다. 7~9월에 보인다. 애벌레로 월동한다.

다우리아사슴벌레 수컷 온몸이 광택이 도는 적갈색 또는 갈색이다.

다우리아사슴벌레 수컷 큰턱이 위로 휘어지듯 솟아 있다. 작은 개체일수록 턱이 짧고 휘어지지 않는다.

다우리아사슴벌레 수컷의 크기를 짐작할 수 있다.

다우리아사슴벌레 수컷의 아랫면

다우리아사슴벌레 암컷 몸길이는 12~23mm다. 이마방패는 너비가 더 넓은 직사각형이다. 수컷처럼 광택이 강하고 적갈색이다.

다우리아사슴벌레 암컷(흑색형)

톱사슴벌레 수컷(큰턱이 뾰족한 개체)

톱사슴벌레 수컷 몸길이는 22~74mm, 크기가 다양하다. 몸집이 클수록 큰턱이 아래로 휘어지고 작은 것은 뾰족하다.

톱사슴벌레 수컷(검은색에 가까운 개체)

톱사슴벌레 수컷(적갈색 개체)

톱사슴벌레 수컷 성충의 수명은 2~3개월이다.

톱사슴벌레 수컷 6〜9월에 보이며 애벌레와 성충으로 월동한다.

톱사슴벌레 수컷 큰턱을 한껏 벌리고 위협 자세를 취하고 있다.

톱사슴벌레 수컷들의 영역 다툼

톱사슴벌레 수컷 날기 위해 딱지날개를 열고 속날개를 펼치고
있다.

톱사슴벌레 암컷 몸길이는 25〜35mm, 몸이 둥근 편이다.

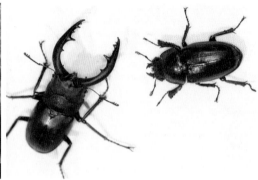

톱사슴벌레 암컷 사슴벌레 암컷들은 종아리마디 바깥쪽 돌기의 모양으로 구별한다. 종아리마디 바깥쪽 돌기가 둥글다.

불빛에 찾아든 톱사슴벌레 암수

원표애보라사슴벌레 수컷 몸길이는 8~11mm다. 광택이 도는 청록색이다.

원표애보라사슴벌레 암컷 몸길이는 8~11mm다. 수컷과 달리 금빛을 띤 녹색이다. 우리나라 사슴벌레 중 가장 이른 시기에 활동한다. 주로 4~6월에 보인다.

원표애보라사슴벌레가 날개를 편 모습

원표애보라사슴벌레 봄에 참나무류 새순을 먹는다. 낮에 활동한다. 전국적으로 분포하며 주로 높은 산이나 고지대에서 볼 수 있다.

원표애보라사슴벌레의 크기를 짐작할 수 있다.

원표애보라사슴벌레 크기는 작지만 여느 사슴벌레들과 더듬이 모양이 비슷하다. 홍원표비단사슴벌레라고도 한다.

● 사슴벌레붙이과(풍뎅이상과)

사슴벌레붙이는 우리나라 '광릉숲'에서 채집되어 새로 보고된(1933년) 사슴벌레붙이과의 곤충입니다. 주 서식지는 '광릉숲'입니다. 몸길이는 18~22밀리미터로 광택이 나는 검은색입니다. 머리에는 작은 뿔이 있으며 큰턱은 짧고 앞가슴등판의 가운데 선이 매우 뚜렷합니다. 더듬이 끝 세 마디는 3갈래로 갈라져 삼지창처럼 보이기도 합니다. 딱지날개에 점으로 된 굵은 세로줄이 있어서 깊이 파인 줄무늬처럼 보입니다. 성충은 썩은 참나무류에 날아와 알을 낳는다고 알려졌습니다.

사슴벌레붙이

똥풍뎅이아과(풍뎅이상과 풍뎅이과)

똥풍뎅이는 똥풍뎅이아과에 속한 곤충으로 몸길이는 7밀리미터 정도입니다. 전체적으로 검은색을 띠거나 딱지날개 부분이 적갈색을 띠기도 합니다. 이마방패는 주름져 있고 수컷은 이마에 혹이 세 개 있습니다.

딱지날개에는 세로줄이 10줄 있으며 평지와 산지에 살면서 동물의 똥을 먹습니다. 암컷은 똥구슬을 만들지 않고 똥 속이나 똥 밑에 알을 낳습니다. 1개월이면 성충이 된다고 합니다.

똥풍뎅이는 이마방패판이 물결 모양이다.

똥풍뎅이

띠똥풍뎅이 몸길이는 4~5mm, 몸은 등이 높고 뭉뚝한 알 모양이다. 전국적으로 분포하며 5~9월에 보인다. 대부분 소똥이나 말똥에서 발견된다.

띠똥풍뎅이 이마방패판은 테두리가 가늘며 앞 가장자리는 넓게 오목하고, 융기선이 3줄 있다.

검정풍뎅이아과(풍뎅이상과 풍뎅이과)

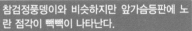
참검정풍뎅이와 비슷하지만 앞가슴등판에 노란 점각이 빽빽이 나타난다.

큰검정풍뎅이 몸길이는 17~22mm, 검은색 또는 어두운 갈색이다. 4~9월까지 보이며 애벌레는 식물의 뿌리를 갉아 먹고 성충은 활엽수 잎을 먹는다.

큰검정풍뎅이 참검정풍뎅이와 비슷하지만 몸에 광택이 없다.

큰검정풍뎅이 이마방패판의 앞 가장자리가 약간 오목하다.

큰검정풍뎅이 잎을 갉아 먹고 있다.

참검정풍뎅이 몸길이는 16~18mm,
광택이 있는 검은색 또는 적갈색이다.

참검정풍뎅이의 크기를 짐작할 수 있다.

참검정풍뎅이 온몸이 작은 점무늬로 덮여 있다. 2년에 1회 발생
하고 땅속으로 들어가 성충으로 월동한다.

참검정풍뎅이 풍뎅이류는 날 때 딱지날개를 먼저 열고 속날개를 펴지만, 꽃무지류는 딱지날개를 펴지 않고 속날개만 옆으로 내밀
어 난다.

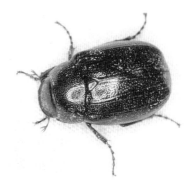

감자풍뎅이 몸길이는 9mm 정도로, 광택이 있는 적갈색이다.

감자풍뎅이 온몸에 점각이 흩어져 있고 딱지날개에 세로줄이 3 줄 있다.

감자풍뎅이 전국적으로 분포하며 주로 5월쯤 밤에 많이 보인다.

감자풍뎅이 짝짓기 5월에 관찰한 모습이다.

긴다색풍뎅이 몸길이는 10∼13mm, 낮에는 땅속에 숨어 있다
가 밤이 되면 지상으로 나와 돌아다니며 먹이 활동을 한다.

긴다색풍뎅이의 크기를 짐작할 수 있다.

긴다색풍뎅이 더듬이를 다 펼친 모습이다.

긴다색풍뎅이 5∼6월에 많이 보인다. 불빛에 잘 찾아든다.

나뭇잎에 매달려 짝짓기하는 긴다색풍뎅이 자세가 위태로워
보이지만 떨어지지 않는다.

긴다색풍뎅이 짝짓기 후 암컷은 땅속을 6∼9cm 파고 들어가 알
을 하나씩 낳는다. 산란한 알 수는 모두 30개 정도다. 애벌레는
식물 뿌리를 먹고 살다가 가을에 땅속 깊이 들어가 월동한다.

황갈색줄풍뎅이 긴다색풍뎅이와 비슷하지만 이마방패판 가운데 부분이 깊게 파여 있다.

쌍색풍뎅이 몸길이는 15~18mm, 광택이 없는 황갈색 또는 적갈색이다.

쌍색풍뎅이 딱지날개가 만나는 부분이 넓다. 머리는 조금 작고 어두운 색이며 광택이 있다.

쌍색풍뎅이 전국적으로 분포하며 7~8월에 많이 보인다.

쌍색풍뎅이가 더듬이를 다 펼친 모습

쌍색풍뎅이 암컷

쌍색풍뎅이 짝짓기

왕풍뎅이 수컷 몸길이는 30~40mm, 온몸에 짧은 털이 덮여 있어 광택이 없어 보인다.

왕풍뎅이 수컷의 크기를 짐작할 수 있다.

왕풍뎅이 수컷 더듬이 끝이 부챗살처럼 펴진다.

왕풍뎅이 수컷 더듬이를 완전히 펼친 모습이다.

왕풍뎅이 암컷 수컷과 다르게 더듬이가 짧다.

왕풍뎅이 2년 1회 발생하며 부화한 애벌레는 첫해에 어린 애벌레, 그다음 해에는 성숙한 애벌레로 월동하고 2년째 되는 해 6월쯤 번데기가 된다.

왕풍뎅이 봄부터 여름까지 보이며 전국적으로 분포한다. 특히 참나무류가 많은 야산에서 자주 보이며 불빛에도 잘 찾아든다.

왕풍뎅이 딱지날개에 도드라진 세로 융기선이 나타난다. 딱지날개가 매우 단단하다. 낮에 만난 개체다.

주황긴다리풍뎅이 암컷 몸길이는 7~10mm, 머리 앞쪽이 검은 색이다. 딱지날개 뒤쪽에 커다란 ∧ 무늬가 있다.

주황긴다리풍뎅이 색이 애매해 밤색긴다리풍뎅이, 갈색긴다리풍뎅이, 황토빛긴다리풍뎅이, 붉은긴다리풍뎅이 등으로 불리기도 했다.

주황긴다리풍뎅이 넓적다리마디와 종아리마디가 가늘고 길다.

주황긴다리풍뎅이 암수

점박이긴다리풍뎅이 몸길이는 7mm, 흑갈색 얼룩무늬가 나타난다.

점박이긴다리풍뎅이 성충은 배나무와 사과나무 꽃과 어린잎을 먹는다.

애우단풍뎅이 몸길이는 7～8mm, 달걀 모양으로 통통하고 딱
지날개는 남색에서 흑갈색이며 배 아랫면은 흑갈색에 가깝다.
이 부분이 밝은 적갈색이나 황갈색이면 알모양우단풍뎅이다.

애우단풍뎅이의 크기를 짐작할 수 있다.

애우단풍뎅이 딱지날개에 세로로 파인 줄이 9줄 있다.

애우단풍뎅이 성충으로 월동하며 1년에
1회 발생한다. 암컷은 땅을 5～6cm 파고
들어가 산란한다.

애우단풍뎅이 전국적으로
분포하며 동양우단풍뎅이
라고도 한다.

애우단풍뎅이 이른 봄부터 보이며 낮에도 활동하지만 주로 밤에 많이 보인다. 더듬이 끝 3마디가 삼지창처럼 3갈래로 갈라졌다.

애우단풍뎅이 짝짓기 배 아랫면이 흑갈색이다.

알모양우단풍뎅이의 의사 행동 배 아랫면이 애우단풍뎅이와 달리 적갈색을 띤다.

알모양우단풍뎅이 몸길이는 8~10mm, 이른 봄부터 보인다. 일본에도 서식해 오카우단풍뎅이라는 이름도 있다.

알모양우단풍뎅이 종아리마디의 바깥쪽 돌기가 발달했다. 땅을 파기 좋은 구조다.

알모양우단풍뎅이가 땅을 파고 들어가고 있다.

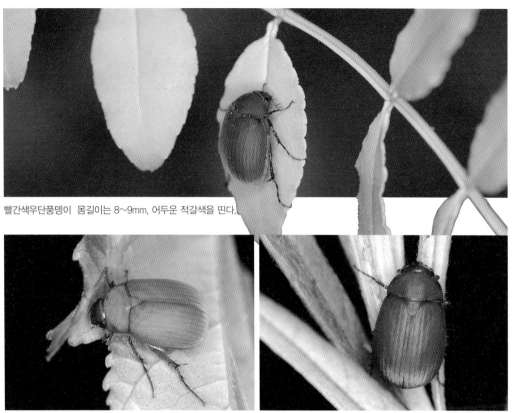

빨간색우단풍뎅이 몸길이는 8~9mm, 어두운 적갈색을 띤다.

빨간색우단풍뎅이 머리는 짙은색이며 딱지날개는 달걀 모양이다. 딱지날개의 기부는 잘린 것처럼 직선이며 뒷부분이 둥글다.

빨간색우단풍뎅이 전국적으로 서식하며 '좀빨간풍뎅이', '좀빨간우단풍뎅이'라고도 한다.

빨간색우단풍뎅이 짝짓기

줄우단풍뎅이 몸길이는 6~8.5mm, 검은색 바탕에 황갈색 넓은 줄무늬가 2줄 있다. 이 줄무늬가 없는 검은색 개체도 있다. 성충은 활엽수 잎을 갉아 먹으며 산다.

줄우단풍뎅이 아랫면은 황갈색을 띤다.

줄우단풍뎅이 짝짓기 체색 변이가 다양하다.

흑다색우단풍뎅이 몸길이는 8~10mm, 몸이 뒤쪽으로 갈수록 넓어진다.

차색우단풍뎅이 빨간색우단풍뎅이와 사진으로는 구별이 안 된다. 몸길이가 8mm보다 크면 빨간색우단풍뎅이고 작으면 차색우단풍뎅이다.

홀쭉우단풍뎅이 몸길이는 7~8mm, 보통 우단풍뎅이류에 비해 가늘고 길다. 외형상으로 구별하기 어렵다.

홀쭉우단풍뎅이 이른 봄부터 활동한다. 성충으로 월동한다.

홀쭉우단풍뎅이 다리도 가늘고 길다. 전국적으로 분포하며 '긴우단풍뎅이'라고도 한다.

소똥구리아과(풍뎅이상과 풍뎅이과)

소똥구리아과에는 소똥구리 무리와 소똥풍뎅이 무리가 속해 있습니다. 소똥구리 무리의 애기뿔소똥구리는 환경부에서 지정한 멸종위기 야생동물 2급인 곤충입니다. 예전에는 전국적으로 흔하게 서식했지만 급격한 환경변화로 점차 사라져 가는 종입니다. 제주도나 서해안의 굴업도 같은 몇몇 장소를 빼고는 급격하게 사라지고 있어 보호가 절실합니다.

몸길이는 13~19밀리미터이며, 몸 전체가 광택이 강한 검은색입니다. 수컷은 이마에 긴 뿔이 하나 있고 앞가슴등판의 앞쪽은 독특한 모양으로 파였습니다. 암컷은 수컷보다 작은 뿔이 하나 있고 몸의 광택이 약합니다. 딱지날개에는 작은 점으로 이루어진 세로줄이 뚜렷합니다. 뿔소똥구리와 비슷하게 생겼지만 크기가 작아 애기뿔소똥구리라는 이름이 붙었습니다.

소똥구리처럼 똥 경단을 만들어 굴리진 않습니다. 똥 아래를 파고 들어가 경단을 만들고 그 속에 산란을 합니다. 똥 무더기 주위에 흙이 솟아 있는 것이 보이면 바로 애기뿔소똥구리의 집이라고 합니다.

성충은 4~10월에 보입니다. 짝짓기 후 둥지는 암수가 같이 만듭니다. 둥지를 만들고 나면 수컷은 똥을 길쭉한 소시지 모양으로 잘라 굴속에 있는 암컷에게 전달하고 암컷은 수컷이 준 것을 여러 개로 잘라 그 안에 알을 하나씩 낳는다고 합니다. 보통 3~4개의 경단을 만든다고 알려졌습니다. 애벌레에겐 이 똥 경단이 먹이도 되고 집도 되는 셈입니다.

서해안에 있는 굴업도라는 섬에서 죽은 개체를 보았는데 여기에 참고용으로 싣습니다.

애기뿔소똥구리 암컷 이마에 수컷보다 작은 뿔 하나가 있다.

애기뿔소똥구리 암컷의 크기를 짐작할 수 있다.

모가슴소똥풍뎅이 수컷 몸길이는 6~10mm, 광택이 약한 검은 색이다.

모가슴소똥풍뎅이 수컷 앞가슴등판 한가운데가 솟아 있다. 모(각)가 진 가슴이란 뜻의 이름이다. 가슴의 각이 선명하게 보인다. '모붙이풍뎅이'라고도 한다.

모가슴소똥풍뎅이 수컷 작은방패판은 없고 딱지날개에 세로줄 이 나타난다. 몸 아래와 다리에 부드러운 금색 긴 털이 있다.

모가슴소똥풍뎅이 암컷의 크기를 짐작할 수 있다.

모가슴소똥풍뎅이 암컷 겹눈 사이에 가로로 솟아 있는 줄이 있다. 딱지날개에 세로줄이 나타나며 앞가슴등판 양쪽에 작은 돌기가 있다. 성충으로 월동하여 이른 봄부터 보인다.

고라니 똥 밑에 있던 모가슴소똥풍뎅이 암컷들

모가슴소똥풍뎅이 암수 똥 경단을 만들어 굴리지 않고 똥 아래를 파고 들어가 산란한다.

■■■ 고려소똥풍뎅이 몸길이는 6~7mm, 우리나라에만 서식하는 소똥풍뎅이다. 작지만 전체적으로 두툼한 느낌이며 암수 모두 이
마에 뿔 같은 돌기가 있다. 뿔의 윗면은 U 자 형으로 파였다.

■■■ 고려소똥풍뎅이 아주 작은 소똥풍뎅이다. 이른 봄부터 성충을 볼 수 있으며 작지만 당당하고 멋지다.

■■■ 고려소똥풍뎅이 뿔의 크기는 개체마다 차이가 있다. 딱지날개에 털이 많다.

■■■ 렌지소똥풍뎅이 몸길이는 6~12mm. '렌지'는 발견자 이름이다.

■■■ 렌지소똥풍뎅이 앞가슴등판이 파였고 그 옆에 뿔 같은 작은 돌기가 있다.

■■■ 렌지소똥풍뎅이가 날기 위해 날개를 펼치고 있다.

■■ 소요산소똥풍뎅이 몸길이는 7~11mm. 광택이 나는 검은색이나 딱지날개는 황백색, 황갈색이며 중간에 검은색 띠무늬가 나타
난다.

■■ 소요산소똥풍뎅이의 크기를 짐작할 수 있다.

소요산소똥풍뎅이 수컷 앞가슴등판 양쪽에 뿔 같은 돌기가 있다.

소요산소똥풍뎅이 똥에 많이 모이며 성충으로 월동하여 이른 봄부터 볼 수 있다.

소요산소똥풍뎅이 암컷 수컷과 달리 앞가슴등판 양쪽에 뿔 같은 돌기는 없고 작은 돌기가 있거나 없기도 하다.

소요산소똥풍뎅이 암컷 겹눈 사이에 가로로 된 융기선이 있다. 더듬이 끝 3마디는 셋으로 갈라져 삼지창처럼 보인다. 종아리마디 바깥쪽에 돌기가 발달했다.

소똥풍뎅이들

꽃무지아과(풍뎅이상과 풍뎅이과)

꽃에 묻혀 사는 곤충입니다. 풍뎅이와 비슷하게 생겼지만 나는 방법이 다릅니다. 풍뎅이는 딱지날개를 열고 속날개를 편 다음에 날지만, 꽃무지는 딱지날개를 열지 않고 속날개만 옆으로 내밀고 납니다. 사슴풍뎅이나 알락풍뎅이, 풍이는 이름만 들으면 풍뎅이 집안 같지만 이들도 날 때 딱지날개를 열지 않기에 꽃무지 집안입니다.

입은 씹을 수 없지만 수염이 발달되어 있어 꽃가루를 모으고 꿀을 마시는 데 도움이 됩니다. 애벌레는 다리가 매우 짧아 배를 위로 하고 몸을 오므렸다 펴면서 등의 털로 이동합니다.

꽃무지류 애벌레

꽃무지류 번데기 만들기

꽃무지류 번데기

검정꽃무지 번데기 방

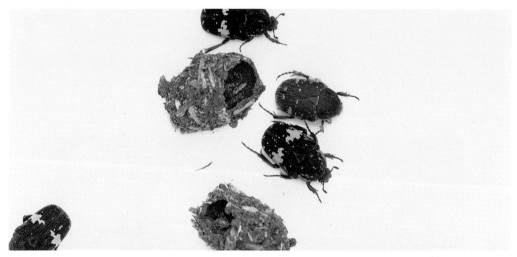

번데기 방에서 나온 검정꽃무지와 풀색꽃무지

검정꽃무지 몸길이는 11~14mm, 4~10월까지 보인다.

검정꽃무지의 크기를 짐작할 수 있다 성충은 찔레꽃 등에 날아와 꽃가루를 먹는다.

검정꽃무지 털이 빠지기 시작하면 몸에 광택이 돌아 다른 곤충처럼 보이기도 한다.

검정꽃무지 몸은 넓적하고 검은색이며 우단 같은 털로 덮여 있다. 시간이 지나면 털이 빠진다. 성충은 참나무류 껍질 안쪽에 동그란 방을 만들고 거기서 월동한다.

검정꽃무지는 날 때 딱지날개를 열지 않고 속날개만 옆으로 내밀어 난다.

검정꽃무지 나무 속에서 성충으로 월동한다.

풀색꽃무지 몸길이는 10~14mm, 몸은 납작하고 녹색 또는 적
갈색이지만 체색 변이가 다양하다.

풀색꽃무지가 찔레꽃에 와 꽃가루를 먹고 있다.

풀색꽃무지 4~11월까지 보인다. 온몸이 짧은 털로 덮여 있다.

풀색꽃무지 성충은 봄과 가을 두 번 나타난다. 보통 20개 정도의 알
을 낳고 3령 애벌레 상태로 월동한다. 이듬해 봄에 번데기가 된다.

풀색꽃무지가 번데기 방에서 나오고 있다.

풀색꽃무지 체색 변이가 다양하다. 풀색꽃무지가 정신없이 꽃가
루를 먹고 있다.

꽃무지 몸길이는 14~20mm, 꽃에 묻혀 있다고 해서 붙인 이름이다. 풀색꽃무지와 구별하기 어렵다.

꽃무지 몸은 적갈색 또는 암적갈색으로 광택이 없다.

꽃무지 온몸에 길고 부드러운 털이 많다.

꽃무지 이름처럼 꽃에 날아와 꽃가루를 먹는다.

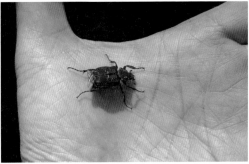

긴다리호랑꽃무지 몸길이는 15~22mm, 몸이 넓적하며 광택이 없다.

긴다리호랑꽃무지 딱지날개와 앞가슴등판에 밝은 무늬가 흩어져 있으며 뒷다리가 특히 길다. 크기를 짐작할 수 있다.

긴다리호랑꽃무지 5~9월까지 보이며 성충은 꽃가루를 먹는다.

긴다리호랑꽃무지

호랑꽃무지

긴다리호랑꽃무지, 호랑꽃무지 크기 비교

호랑꽃무지

풀색꽃무지

호랑꽃무지 몸길이는 8~13mm, 몸은 검은색이며 전체에 노란 풀색꽃무지, 호랑꽃무지 크기 비교
색 털이 많다.

호랑꽃무지 짝짓기 성충은 4~11월에 보인다. 애벌레는 죽은 호랑꽃무지 은신처
나무의 목질부를 먹으며 성장한다. 성충이 되기까지 보통 1~2
년 걸린다고 알려졌다.

호랑꽃무지
벌을 의태했다.
범꽃무지라고도 한다.

사슴풍뎅이 수컷 이름에 '풍뎅이'가 있지만 '꽃무지' 집안이다. 둘의 차이는 날 때 딱지날개와 속날개를 같이 열면 풍뎅이 집안, 딱지날개는 열지 않고 속날개만 옆으로 내밀어 날면 꽃무지 집안이다.

사슴풍뎅이 수컷 몸길이는 21~35mm, 몸은 회백색이고 머리에 뿔 같은 돌기가 2개 있다. 우리나라 꽃무지아과 가운데 유일하게 뿔을 달고 있다.

사슴풍뎅이 수컷 앞다리가 매우 길다. 머리에 있는 뿔 같은 돌기가 사슴뿔처럼 보인다.

사슴풍뎅이 수컷 몸을 치켜세우고 다리를 크게 벌리며 위협 행동을 보인다.

사슴풍뎅이 수컷의 당당한 모습

사슴풍뎅이 암컷의 크기를 짐작할 수 있다. 수컷과 달리 광택이 없는 검은빛이 강하고 머리에 뿔이 없다.

사슴풍뎅이 암컷 팔을 벌리며 위협 행동을 보인다. 전국적으로 분포하며 5~7월에 보인다. 성충은 활엽수의 진에 모인다.

사슴풍뎅이 짝짓기 수컷은 긴 앞다리로 암컷을 잡는다. 부식토 속에서 자란 애벌레는 5월쯤 성충이 된다. 낮에 짝짓기를 한다. 밤에는 불빛에도 잘 찾아든다. 5월에 관찰한 모습이다.

사슴풍뎅이 수컷의 위협 행동

사슴풍뎅이 암컷의 위협 행동

넓적꽃무지 몸길이는 4∼7mm, 아주 작은 꽃무지다.

넓적꽃무지 꽃가루를 잔뜩 먹어 입 주위가 노랗다.

넓적꽃무지 크기를 알 수 있다.

넓적꽃무지 나무껍질 속에서 월동한다. 이른 봄에 성충을 볼
수 있다.

넓적꽃무지 이른 봄에 만났다.

넓적꽃무지 몸은 위아래로 편평하며 광택이 있다. 전체적으로
검은색이며 황백색 비늘과 검은색 털 뭉치가 여기저기 덮여 있
다. 털 뭉치가 선명하게 보인다.

넓적꽃무지 다리가 길다.

넓적꽃무지 병꽃나무의 꽃에 꿀이 들어 있는 '거' 부분을 뚫고 들어가 꽃꿀을 먹고 있다.

나뭇잎을 갉아 먹고 있는 넓적꽃무지

참넓적꽃무지 창 같은 길쭉한 산란관이 보인다. 암컷이다. 넓
적꽃무지 암컷과 구별점이다. 참나무류 껍질에 긴 산란관을 꽂
고 알을 낳는다. 우리나라 꽃무지류 중 암컷에 산란관이 있는
종으로는 유일하다.

참넓적꽃무지 몸길이는 8~9mm. 넓적꽃무지보다 조금 크고 성
충으로 월동한다.

참넓적꽃무지 수컷 밝은색이다.

참넓적꽃무지 수컷이 뒷다리를 들고 위협 행동을 보인다.

참넓적꽃무지 우리나라 고유종으로 봄부터 성충을 볼 수 있다.
4월에 만난 개체.

참넓적꽃무지 몸은 광택이 있는 검은색이고 몸 전체에 황백색의
무늬가 흩어져 있어 새똥처럼 보인다. 위장 전략이다.

홀쭉꽃무지 몸길이는 15~17mm. 몸이 납작하고 길쭉하며 검은
색이다. 딱지날개에 황백색 무늬가 한 쌍 있다. 이름처럼 몸이
홀쭉하다.

홀쭉꽃무지 더듬이 아래가 넓은 원반 모양이라 독특하다. 주름개
미 집에 들어가 산란한다. 홀쭉꽃무지 애벌레는 주름개미 애벌레
를 먹고 자란다.

홀쭉꽃무지 여느 꽃무지와 달리 꽃보다는 잎이나 돌 밑에서 자
주 보인다. 성충은 수액이나 과일즙을 먹는다. 애벌레로 월동하
며 5~6월에 많이 보인다.

곰개미에게 끌려가고 있는 홀쭉꽃무지 행동이 둔한 편이라 가끔
개미들에게 잡아먹히기도 한다.

풍이 몸길이는 23~29mm, 광택이 있는 구릿빛이나 초록빛을
띤다. 머리는 사각형이다. 보랏빛 개체도 있다. 개체 변이가 심
한 편이다.

풍이의 크기를 짐작할 수 있다.

풍이 성충은 6~10월에 보이며 나무 수액이나 과일즙에 모인다. 썩은 나무나 볏짚 등에서 애벌레로 월동하고 5월 중순에 번데기가 된다.

수액을 먹고 있는 풍이

풍이 풍뎅이처럼 생겼지만 딱지날개를 닫고 날아 꽃무지 집안에 속한다.

알락풍뎅이 몸길이는 16~22mm, 몸이 넓적하며 갈색 털이 덮여 있다. 몸 전체에 검은 점무늬가 흩어져 있다.

알락풍뎅이 전국적으로 분포하며 4~11월까지 보인다. 성충은 나무 수액에 잘 모인다.

점박이꽃무지속에는 5종이 있습니다. 생김새와 크기, 무늬 등이 너무 비슷해서 사진만으로는 구별하기가 어렵습니다. 가장 정확한 방법은 생식기로 구별하는 것이지요. 그런데 조금만 관심을 가지면 형태상 몇 가지 차이점이 보이기도 합니다. 그 차이점만으로 종을 명확하게 분류하는 것은 오류가 있지만 여기에서는 형태상 차이가 나타나는 몇 가지 점을 제시하고 분류해봅니다. 정확한 동정은 아니어도 '추정'만이라도 하는 것이지요.

만주점박이꽃무지	전체적으로 매끈한 초록색이다. 유난히 광택이 난다. 딱지날개와 앞가슴등판에 새김무늬(인각)가 적어서 매끈한 느낌을 준다. 가장 초록빛이 강하다.
흰점박이꽃무지	딱지날개의 봉합선이 뚜렷하다(융기). 작은방패판 주변의 점각이 깊게 파였다.
매끈이점박이꽃무지	딱지날개의 봉합선이 뚜렷하지 않다. 딱지날개 중간에 말굽 모양의 새김무늬가 많다. 작은방패판 주변의 점각 수가 적다.
점박이꽃무지	이마방패판 가운데가 파였다. 앞가슴등판과 딱지날개에 거친 새김무늬가 많다.
아무르점박이꽃무지	딱지날개에 담황색 무늬가 흩어져 있고 봉합선도 뚜렷하다.

만주점박이꽃무지 몸길이는 20~30mm
다. 전체적으로 광택이 강한 매끈한 초록
색이다.

만주점박이꽃무지의 크기를 짐작할 수 있다.

만주점박이꽃무지 전국적으로 분포하
며, 딱지날개의 하얀색 무늬는 개체마
다 약간 다르다.

흰점박이꽃무지 애벌레 썩은 나무를 먹고 자라며 성충이 되기   흰점박이꽃무지 고치
까지 1~2년이 걸린다.

흰점박이꽃무지 몸길이는 17~22mm다. 봉합선의 융기가 뚜렷   흰점박이꽃무지(추정)
하다.

점박이꽃무지 봉합선의 융기가 불분명하다. 작은방패판 주변　점박이꽃무지　몸길이는 16~25mm다.
에 점각이 많다. 매끈이점박이꽃무지와 구별점이다.

점박이꽃무지

풍뎅이아과(풍뎅이상과 풍뎅이과)

광택이 나는 종이 많으며 애벌레는 식물 뿌리를 먹고, 성충은 잎을 먹습니다.
무늬와 색이 참 다양한 집안입니다.

쇠털차색풍뎅이 주둥무늬차색풍뎅이와 달리 머리 부분이 검은 색에 가까운 갈색이다.

쇠털차색풍뎅이 몸길이는 9~11mm, 딱지날개는 어두운 갈색이며 촘촘한 털로 덮여 있다. 불빛에 잘 찾아든다.

쇠털차색풍뎅이 전국적으로 분포하며 6~11월에 보인다.

146

주둥무늬차색풍뎅이 딱지날개에 하얀색 털 뭉치가 점처럼 보인다.

주둥무늬차색풍뎅이 몸길이는 8~14mm, 몸 전체에 황백색의 짧은 털이 있다.

주둥무늬차색풍뎅이 성충으로 월동하며 밤에 불빛에 잘 모인다. 1년에 1회 나타나며 애벌레는 부식질이나 나무뿌리를 갉아 먹는다. 크기를 짐작할 수 있다.

주둥무늬차색풍뎅이 전국적으로 분포하며 4~11월에 볼 수 있다. 성충은 활엽수 잎을 먹는다.

주둥무늬차색풍뎅이 짝짓기 후 암컷은 흙 속에 알을 낳는다.

주둥무늬차색풍뎅이 더듬이는 끝이 3갈래로 갈라져 삼지창처럼 보인다. 털북숭이 풍뎅이다.

홈줄풍뎅이 몸길이는 11mm 내외. 딱지날개에 깊게 파인 홈 10개가 줄 형태로 이어져 있다. 몸 색깔의 차이가 심하다.

카멜레온줄풍뎅이 몸길이는 12~17mm. 전체적으로 광택이 있는 녹색이나 황록색이지만 개체마다 색상 변이가 많아 '카멜레온'이란 이름을 붙였다.

카멜레온줄풍뎅이의 크기를 짐작할 수 있다.

카멜레온줄풍뎅이 전국적으로 분포하며 5~10월에 볼 수 있다.

카멜레온줄풍뎅이 밤에 불빛에도 잘 모인다.

카멜레온줄풍뎅이 애벌레는 식물의 뿌리를 갉아 먹고 성충은 잎을 먹는다.

카멜레온줄풍뎅이 암컷

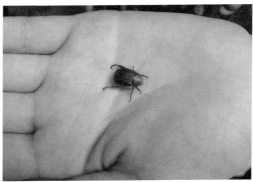

대마도줄풍뎅이 딱지날개에 세로줄이 3줄 있으며 다리에 털이 빽빽하게 난다.

대마도줄풍뎅이의 크기를 짐작할 수 있다. 몸길이는 10~12mm, 광택이 있는 초록색이며 몸 아랫면에 부드러운 긴 털이 촘촘히 나 있다.

대마도줄풍뎅이 성충으로 월동하며 4~8월에 보인다. 주로 꽃잎을 먹는다. 찔레꽃 위에 앉아 있다.

등얼룩풍뎅이 몸길이는 10∼14mm, 앞가슴등판에 구릿빛 또는
초록빛을 띠는 무늬가 있다. 개체마다 체색에 차이가 있다.

등얼룩풍뎅이의 크기를 짐작할 수 있다.

등얼룩풍뎅이 중부와 남부지방에 분포하며 3∼11월에 볼 수
있다.

등얼룩풍뎅이 흑색형

등얼룩풍뎅이 체색 변이

등얼룩풍뎅이 위협 행동 뒷다리를 들고 위협 행동을 보인다.

등얼룩풍뎅이 짝짓기

등얼룩풍뎅이 애벌레

등얼룩풍뎅이 번데기

등얼룩풍뎅이 날개돋이

등얼룩풍뎅이의 머리와 앞가슴등판 점각 모양이 타원형이나 아령 모양이다. 점각이 꼭 찍은 듯한 원형이면 연노랑풍뎅이다.

연노랑풍뎅이 몸길이는 11mm 정도로 6~8월에 볼 수 있다. 딱지날개에 별다른 무늬가 없다.

연노랑풍뎅이 등얼룩풍뎅이와의 구별점은 앞가슴등판의 점각 모양이다. 점각이 원형이면 연노랑풍뎅이, 타원형이거나 아령 모양이면 등얼룩풍뎅이다.

어깨무늬풍뎅이 몸에 털이 많고 딱지날개 앞 가장자리에 검은색 점무늬가 있다(동그라미 친 부분).

어깨무늬풍뎅이 몸길이는 8~11mm, 4~10월에 볼 수 있다. 온몸이 황백색 또는 검은빛을 띤 황색 털로 덮여 있다. 딱지날개가 짧아 배 끝이 밖으로 드러난다.

어깨무늬풍뎅이 짝짓기 5월에 관찰한 모습이다.

등노랑풍뎅이 몸길이는 12~18mm, 광택이 나는 밝은 황색이다. 5~10월에 보이며 성충은 잎을 먹는다.

등노랑풍뎅이의 크기를 짐작할 수 있다.

등노랑풍뎅이 애벌레

등노랑풍뎅이 애벌레 허물

등노랑풍뎅이 날개돋이 직후의 모습

등노랑풍뎅이 불빛에 잘 찾아든다. 머리에 흙이 묻은 것을 보니 날개돋이 직후에 찾아든 것 같다.

등노랑풍뎅이 더듬이 끝이 3갈래로 갈라지고, 다리에는 광택이 나는 검은빛을 띤 남색 또는 초록빛이 감돈다.

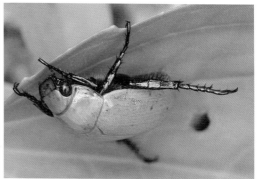

등노랑풍뎅이 아랫면에 부드러운 긴 털이 많다. 뒷다리를 들고 위협 행동을 보인다.

등노랑풍뎅이 다리 색이 아름답다.

금줄풍뎅이 딱지날개에 굵기가 다른 세로줄이 4줄 있다(동그라미 친 부분).

금줄풍뎅이 몸길이는 18mm 내외로 밤에 불빛에도 잘 찾아든다. 6~8월에 볼 수 있으며 몸 아랫면에 황백색 털이 빽빽하다.

● 별줄풍뎅이와 다색줄풍뎅이 비고

별줄풍뎅이	이마방패판 앞이 파여 있다. 딱지날개에 비슷한 굵기의 세로 융기선이 4줄 있다.
다색줄풍뎅이	이마방패판 앞이 파이지 않았다. 딱지날개에 비슷한 굵기의 세로 융기선이 4줄 있다.

별줄풍뎅이 이마방패판 앞부분이 파여 있다.

별줄풍뎅이 몸길이는 14~20mm다.

별줄풍뎅이 딱지날개에 굵기가 비슷한 세로 융기선이 4줄 있다. 애벌레는 나무뿌리를 갉아 먹고 성충은 침엽수 잎을 먹는다고 알려졌다.

■■ 다색줄풍뎅이 이마방패판 앞부분이 안으로 파이지 않았다.
■■ 다색줄풍뎅이 몸길이는 16~22mm, 불빛에 잘 날아온다. 딱지날개에 굵기가 비슷한 세로 융기선이 4줄 있다.

■ 풍뎅이 몸길이는 15~21mm다. 광택이 강한 녹색이지만 가끔 구릿빛도 있다. 전국적으로 분포하며 4~11월에 보인다.
■■ 풍뎅이 몸이 넓적한 알 모양이다. 다리는 짙은 녹색 또는 검은빛을 띤 녹색이다.
■■■ 풍뎅이 주로 낮에 보이지만 불빛에도 찾아든다.
■■■■ 풍뎅이 암컷은 식물 뿌리 근처에 알을 낳는다. 성충이 되기까지 1~2년이 걸린다고 한다. 애벌레로 월동하며 5월에 번데기가
      되고 30일 후 성충이 된다. 애벌레는 식물의 뿌리와 부식토를 먹지만 성충은 활엽수의 잎과 꽃을 먹는다.
■■ 풍뎅이 짝짓기 6월에 관찰한 장면이다.
■■■ 풍뎅이 암컷이 짝짓기를 거부하자 수컷이 계속 암컷을 따라다니고 있다.

청동풍뎅이	딱지날개의 측면 테두리 돌기선이 배의 거의 끝까지 내려온다.
몽고청동풍뎅이	딱지날개의 측면 테두리 돌기선이 두 번째 배판까지만 내려온다.

몽고청동풍뎅이 딱지날개의 테두리 선이 배 끝까지 미치지 않는다(동그라미 친 부분).

몽고청동풍뎅이 몸길이는 17~22mm다. 5~9월까지 볼 수 있으며 성충은 식물의 잎을 먹고 산다. 몸이 둥글고 긴 알 모양이며, 광택이 강한 초록빛이다. 개체마다 몸 색에 차이가 있다. 불빛에 잘 찾아든다.

- ■■ 청동풍뎅이 몸길이는 18~25mm, 6~10월까지 보인다. 전국적으로 분포하며 불빛에도 잘 날아온다. 성충은 과일나무의 잎이나 새순 등을 갉아 먹는다.
- ■■ 청동풍뎅이 딱지날개의 가장자리 돌기가 배 끝에까지 이른다. 색이 독특한 청동풍뎅이다.

- ■■■ 팔맥풍뎅이 몸길이는 10~12mm, 광택이 나는 초록색이며 몸에 털이 많다.
- ■■■ 팔맥풍뎅이 더듬이 끝이 3갈래로 갈라졌으며 딱지날개에 도드라진 세로줄들이 있다.
- ■■■ 팔맥풍뎅이 앞가슴등판 위에 부드러운 긴 털이 많이 나 있고 다리에도 긴 털이 많다.
- ■■■ 팔맥풍뎅이의 크기를 짐작할 수 있다.
- ■■■ 팔맥풍뎅이 땅에서 막 올라온 개체다. 4월 말에 관찰한 모습이다.

하얀색 털 뭉치가 보인다.

참콩풍뎅이 몸길이는 10~15mm, 보통 광택이 강한 검은빛을 띤 남색이지만 개체마다 몸 색에 차이가 있다.

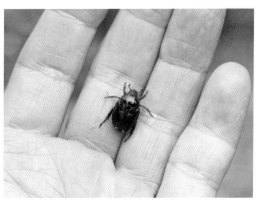

참콩풍뎅이의 크기를 짐작할 수 있다.

참콩풍뎅이 딱지날개가 황갈색을 띤 개체다.

참콩풍뎅이 4~10월까지 보이며 다양한 꽃에 모여 꽃가루를 먹는다. 참나무류 잎을 먹기도 한다.

참콩풍뎅이 전국적으로 분포한다.

참콩풍뎅이 짝짓기

콩풍뎅이 배 옆면과 뒷면에 하얀색 털 뭉치가 없는 것이 참콩 풍뎅이와의 구별점이다.

콩풍뎅이 몸길이는 10~15mm, 전국적으로 분포하며 4~11월까 지 보인다. 다양한 꽃에 모여 꽃가루를 먹는다.

콩풍뎅이 1년에 1회 나타나며 땅속에서 애벌레로 월동한다.

녹색콩풍뎅이 몸길이는 8~11mm, 머리와 앞가슴등판은 녹색이 나 자줏빛을 띤 녹색 또는 검은색이며, 딱지날개는 황갈색이다.

녹색콩풍뎅이 전국적으로 분포하며 4~10월까지 보인다.

녹색콩풍뎅이 애벌레로 월동한다. 참콩풍뎅이처럼 배 옆면과 뒷 면에 하얀색 털 뭉치가 있다.

장수풍뎅이아과(풍뎅이상과 풍뎅이과)

● 장수풍뎅이의 한살이 ●

1. 장수풍뎅이 알은 25도에서 약 12일 후에 부화한다.

2. 3령의 애벌레 시기를 거쳐 번데기가 된다(1령 15일, 2령 19일, 3령 120일). 3령 애벌레 상태로 겨울을 난다(자연 상태에서는 2령으로 나기도 한다).

3. 5~6월쯤 땅속에서 세로로 번데기 방을 만든다.

4. 성충이 되면 번데기 방 속에서 3~10일 휴식을 취하며 몸을 단단하게 굳힌다.

5. 참나무류 숲에서 참나무류 수액을 먹고 살아간다.

6. 암컷은 30~100개 알을 낳는다. 1~3개월 산다.

장수풍뎅이 수컷 몸길이는 30~55mm, 크기가 다양하다. 이마와 앞가슴등판에 뿔이 있다. 이마에 있는 뿔은 끝이 갈라지고 길다.

장수풍뎅이 수컷의 크기를 짐작할 수 있다.

장수풍뎅이 수컷이 날개를 편 모습

장수풍뎅이 암컷 수컷과 달리 뿔이 없다.

장수풍뎅이 암컷의 크기를 짐작할 수 있다.

장수풍뎅이 암컷이 날개를 편 모습

장수풍뎅이 수컷들 참나무류 수액을 먹고 있다.

장수풍뎅이 암컷들이 불빛에 찾아들었다. 전국적으로 분포하며 7〜9월까지 보인다.

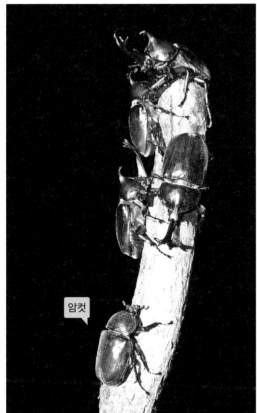

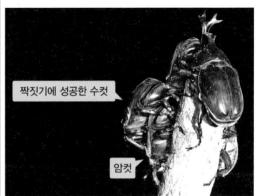

장수풍뎅이 수컷들 사이로 암컷이 들어간다.

장수풍뎅이 수컷들 사이로 암컷 한 마리가 온다.

장수풍뎅이 짝짓기가 이루어졌다.

장수풍뎅이 애벌레 머리가 검은색에 가깝다(동그라미 친 부분).
사슴벌레는 갈색이다.

장수풍뎅이 애벌레의 크기를 짐작할 수 있다.

장수풍뎅이 애벌레의 큰턱이 날카롭다.

장수풍뎅이 애벌레가 번데기 방을 만들었다. 성충이 되어 나오기
편하게 세로로 번데기 방을 만든다.

장수풍뎅이 수컷 번데기 이렇듯 몸 생김새가 다 드러나는 번데
기를 '나용'이라고 한다. 나비 번데기처럼 보이지 않는 모양은
'피용'이라고 한다.

장수풍뎅이 딱지날개 색이 변하고 있다.

장수풍뎅이 딱지날개 색이 바뀌는 모습

장수풍뎅이 수컷 뿔이 멋지다.

- 외뿔장수풍뎅이 수컷　몸길이는 20~23mm, 이마방패판 가운데에 위로 향한 뿔 같은 작은 돌기가 있고 앞가슴등판 가운데가 둥그렇게 파여 있다.
- 외뿔장수풍뎅이 수컷의 뿔
- 외뿔장수풍뎅이 암컷　앞가슴등판 가운데가 수컷보다 덜 파여 있다.
- 외뿔장수풍뎅이 암컷　이마방패판 한가운데에 수컷보다 작지만 뿔 같은 돌기가 있다. 딱지날개에 점으로 이어진 세로 홈이 12줄 있다. 9월쯤 알을 낳는다. 이듬해 6월쯤 번데기가 되고 7월쯤 날개돋이한 뒤 성충이 된다.
- 외뿔장수풍뎅이 수컷
- 외뿔장수풍뎅이 수컷　작은 뿔과 동그랗게 파인 부분이 선명하게 보인다.
- 외뿔장수풍뎅이 수컷　6~8월에 참나무류 숲에서 보인다. 수액에 모인다.
- 외뿔장수풍뎅이의 크기를 짐작할 수 있다.

● 알꽃벼룩과(알꽃벼룩상과)

벼룩처럼 뒷다리가 발달했지만 벼룩은 벼룩목에 속하고 알꽃벼룩은 딱정벌레목 알꽃벼룩과에 속합니다. 꽃벼룩과도 있는데 꽃벼룩과는 거저리상과에 속합니다.

■ 알꽃벼룩 몸길이는 3∼4mm, 뒷다리가 매우 발달했다.
■ 알꽃벼룩의 크기를 짐작할 수 있다. 나무껍질 속에서 모여 월동한다.
■ 나무껍질 속에서 월동 중인 알꽃벼룩
■ 알꽃벼룩 짝짓기 6월 초에 관찰한 장면이다.
■ 알꽃벼룩 논, 휴경지, 저수지, 물웅덩이, 연못 등에 산다.

● 비단벌레과(비단벌레상과)

비단처럼 몸 색이 화려한 곤충입니다. 광택이 강하며 주로 낮에 활동합니다.
더듬이와 다리는 짧은 편이고 애벌레는 나무 속을 파고 들어가 생활합니다.

고려비단벌레 몸길이는 11~22mm다.

고려비단벌레 낮에 활동하며 소나무 고목이나 벌
채목에 산란한다. 크기를 짐작할 수 있다.

고려비단벌레 몸은 긴 타원형이며 구릿빛을 띤다.
광택이 있으며, 딱지날개에 세로줄이 뚜렷하다. 중
부와 남부지방에 서식한다.

소나무비단벌레 몸길이는
24~40mm, 6~8월에 보인다.
애벌레는 소나무만을 먹으면서
자란다. 3년의 애벌레 시기를
거쳐 성충이 된다고 알려졌다.

소나무비단벌레의 크기를 짐작할 수 있다.
전국적으로 분포하며 성충으로 월동한다.

배나무육점박이비단벌레 몸길이는 7~12mm, 5~7월에 보인다.

배나무육점박이비단벌레의 크기를 짐작할 수 있다.

배나무육점박이비단벌레 금속광택을
띤 구릿빛이며 딱지날개에 점무늬가 6개 있다.
배나무, 감나무, 개잎갈나무 등에 서식한다.

느티나무좀비단벌레 몸길이는 3~4mm, 5~10월에 보이며 느티나무, 팽나무 등에서 보인다.

느티나무좀비단벌레의 크기를 짐작할 수 있다.

버드나무좀비단벌레 몸길이는 3~4mm, 4~5월에 보인다. 버드나무 잎에서 발견된다.

버드나무좀비단벌레의 크기를 짐작할 수 있다.

버드나무좀비단벌레 몸에 하얀색 얼룩무늬가 흩어져 있다.

버드나무좀비단벌레 짝짓기 5월 초에 관찰한 모습이다.

검정금테비단벌레 몸길이는 10~20mm, 납작한 몸은 검은색이
며 깊이 파인 점각렬 안은 금색, 보라색, 푸른색을 띤다.

검정금테비단벌레 애벌레로 월동하며 은사시나무에서 자주 보인
다. 7월에 만난 개체다.

아무르넓적비단벌레 배나무육점비단벌레와는 앞가슴등판의
분홍색 줄무늬 유무로 구별한다.

금테비단벌레 전체적으로 광택이 강한 금빛을 띤 녹색이며, 앞가
슴등판과 딱지날개 가장자리에 붉은빛을 띤 금색 테두리가 있어
서 갓노랑비단벌레라고도 한다. 몸길이는 19mm 내외로 6~8월
에 활엽수림에서 많이 보인다.

■ 황녹색호리비단벌레 몸길이는 6∼8mm, 몸이 두툼하고 길다. 전체적으로 광택이 나는 구릿빛 녹색이다.

■ 황녹색호리비단벌레 옆에서 보면 황록색 줄무늬가 보인다.

■ 황녹색호리비단벌레 전국적으로 분포하며 5∼8월에 칡에서 자주 보인다.

■ 황녹색호리비단벌레 딱지날개 뒤의 3분의 1에서부터 검은색이며 그 안에 하얀색 점무늬가 있다.

■ 황녹색호리비단벌레 몸이 호리호리한 비단벌레다. 비단벌레답게 금빛이 돈다. 개체마다 무늬나 색깔 차이를 보인다.

■ 황녹색호리비단벌 짝짓기 1년에 1회 나타나며 일본에서는 쓰시마섬에서만 보인다고 알려졌다.

■ 우리흰점호리비단벌레(추정)

■ 우리흰점호리비단벌레(추정) '육점박이호리비단벌레'라고 표기한 자료가 많은데 육점박이호리비단벌레는 유럽에 서식한다고 한다. 딱지날개에 점무늬가 3쌍이고 각 딱지날개의 끝이 둥글다. 호리비단벌레류는 사진으로는 동정하기 어려운 종이 많다.

* 흑람색호리비단벌레와 참나무호리비단벌레는 앞가슴 모양에서 차이가 있다. 참나무호리비
단벌레는 앞가슴 가운데가 위로 볼록 솟아 있지 않고 평평하면서 얕은 도랑처럼 홈이 파여
있다.

참나무호리비단벌레 가슴에 홈이 파여 있다. 비슷하게 생긴 흑
람색호리비단벌레는 앞가슴등판 가운데가 볼록하게 솟아 있다.

멋쟁이호리비단벌레 여느 호리비단벌레들과 달리 머리와 앞가슴
등판이 광택이 나는 구릿빛이다. 5월 말에 본 개체다.

흑람색호리비단벌레 몸길이는 4~8mm, 전체적으로 검은빛을
띤 황색 또는 청람색이다.

흑람색호리비단벌레 앞가슴등판이 볼록하게 솟아 있다. 6월 초
에 만난 개체다.

흑람색호리비단벌레 겹눈이 매우 크다. 5월 말 계곡 주변에서 본
개체다.

버들꼬마호리비단벌레 몸길이는 3~5mm, 광택이 나는 청람색
이다. 앞가슴이 독특하게 파여 있다.

상수리호리비단벌레 전체적으로 검은색이 강하다. 광택이 약하
다. 6월에 만난 개체다.

● 물삿갓벌레과(둥근가시벌레상과)

물삿갓벌레는 애벌레를 물속에서 보내고 성충이 되면 물 밖 생활을 하는 반
수서곤충입니다. 애벌레와 성충의 생김새가 아주 다릅니다.

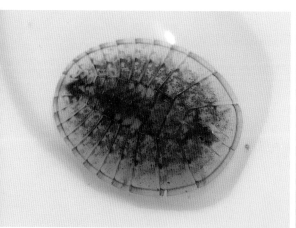

물삿갓벌레 애벌레 몸길이는 7~10mm, 몸은 연한 갈색으로 타
원형이다.

물삿갓벌레 애벌레 아랫면 하얀색 아가미털이 4쌍 있다. 바닥을
기어 다니면서 부착조류와 이끼류 등을 갉아 먹으며 산다.

둥근물삿갓벌레 성충 수컷 더듬이가 매우 발달했다.

둥근물삿갓벌레 수컷 몸은 전체적으로 광택이 나는 검은색이며 앞가
슴등판 앞 가두리는 미색이다.

둥근물삿갓벌레 암컷   수컷과 달리 더듬이가 톱니 모양이
다. 몸은 앞가슴등판의 앞 가두리를 제외하곤 광택이 나는
검은색이다.

둥근물삿갓벌레 암컷의 크기를 짐작할 수 있다.

● 병대벌레과(방아벌레상과)

병대벌레는 몸이 가늘고 길며 겹눈이 튀어나와 있습니다. 병대는 군대라는 뜻으로 이 곤충의 머리 생김새가 군인들의 철모 같다고 해서 붙인 이름이라고 하지만 확실치는 않습니다. 영어 이름도 '솔저 비틀soldier beetle'인 것을 보면 이 곤충에게서 군인의 모습이 연상되었는가 봅니다. 한번 발생하면 떼를 지어 나타나 많은 군인들이 모인 '병대'라는 이름을 붙였다고도 합니다.

대체로 몸이 가늘고 길며 딱지날개는 부드럽습니다. 성충은 꽃이나 잎에서 다른 곤충을 잡아먹는 육식성이며 짝짓기 후 땅속에 산란합니다. 애벌레도 다른 곤충을 잡아먹는 육식성입니다.

이름의 뜻이 비슷한 의병벌레도 있는데 의병벌레는 개미붙이상과에 속합니다.

서울병대벌레 몸길이는 10~13mm. 몸이 길쭉하고 위아래로 납작하다. 중부지방에 서식하며 5~6월까지 보인다. 작은 곤충을 잡아먹는다.

서울병대벌레 암컷은 땅속에 알을 낳는다. 부화한 애벌레는 땅 위를 걸어 다니며 작은 곤충의 알이나 애벌레를 먹고 살다가 종령 애벌레 상태로 월동한다. 이듬해 2월에 땅속에 번데기 방을 만들어 번데기가 된 후 3월에 성충이 되어 밖으로 나온다.

서울병대벌레가 날개를 펴고 있다. 딱딱한 딱지날개 안에
부드러운 속날개가 보인다.

서울병대벌레 짝짓기

서울병대벌레가 독특한 자세로 짝짓기를 하고 있다.

회황색병대벌레 몸길이는 9~11mm, 몸이 회색빛을 띤 황색이다.

회황색병대벌레 밤에 불빛에도 찾아든다.

회황색병대벌레 5~6월에 보이며 애벌레로 월동한다.

회황색병대벌레 진딧물 등 작은 곤충을 잡아먹는 육식성이다.

회황색병대벌레 한쪽 날개를 다쳐 날지 못한다.

회황색병대벌레 옆면 배 아랫면이 황색이다.

밑빠진병대벌레 몸길이는 4∼6mm, 6월에 만난 개체다. 전체적으로 검은색이며 다리는 가늘고 길다. 딱지날개는 평행하며 배 끝에 미치지 못한다.

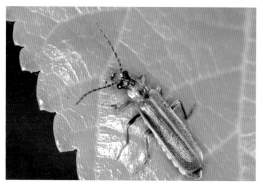

등점목가는병대벌레 몸길이는 10∼15mm, 5∼8월에 보인다. 머리는 검은색이다. 딱지날개는 흑회색이며 날개가 만나는 부분은 누런 갈색이다.

등점목가는병대벌레 밤에 불빛에 잘 찾아든다.

등점목가는병대벌레 낮에도 자주 보인다. 산초나무 잎 뒷면에서 쉬고 있다.

등점목가는병대벌레 딱지날개는 부드러운 털로 덮여 있으며 배 윗면은 노란색이다.

등점목가는병대벌레 작은 곤충을 잡아먹는 육식성이다.

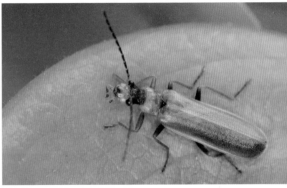

등점목가는병대벌레 겹눈이 크게 튀어나왔고 목이 가늘다.

등점목가는병대벌레가 독특한 자세로 짝짓기를 하고 있다.

작은눈산병대벌레 몸길이는 7~9mm. 전체적으로 검은색이며 다리의 발목마디만 암갈색이다. 딱지날개는 뒤에서 넓어진다. 5~6월에 보인다.

작은눈산병대벌레의 크기를 짐작할 수 있다.

붉은가슴병대벌레 몸길이는 5~7mm, 앞가슴등판은 광택이 나는 황색이며 가운데에 검은색 점무늬가 있다. 머리 뒤쪽은 검은색이다. 뒷다리의 종아리마디에도 검은색 띠무늬가 있다.

붉은가슴병대벌레 5~6월에 주로 보이며 진딧물을 잡아먹지만, 먹이가 부족할 땐 꽃가루를 먹기도 한다.

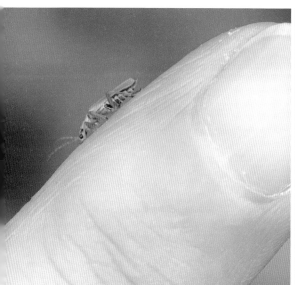

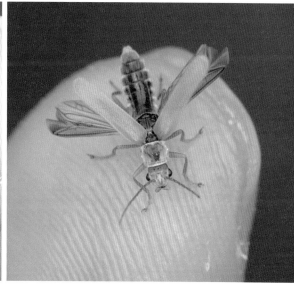

붉은가슴병대벌레의 크기를 짐작할 수 있다.

붉은가슴병대벌레 딱지날개와 속날개를 열자 배 윗면이 나타난다.

노랑줄어리병대벌레 몸길이는 7~9mm다. 딱지날개는 검은색이며 노란색 세로줄이 있다. 개체에 따라 이 줄이 안 보이기도 한다.

노랑줄어리병대벌레 머리는 검은색이고 앞가슴등판은 주황색으로, 가운데에 커다란 검은색 점무늬가 있다.

노랑줄어리병대벌레 딱지날개에 노란색 줄이 없는 개체다.

노랑줄어리병대벌레 짝짓기 주로 4~6월에 많이 보인다. 풀밭에서 낮에 활발히 활동한다.

- ■■■■ 연노랑목가는병대벌레 몸길이는 10~13mm다. 크기를 짐작할 수 있다.
- ■■■ 연노랑목가는병대벌레 5월에 많이 보인다. 머리 뒤쪽과 앞가슴등판 가운데가 검은색이다.
- ■■■ 연노랑목가는병대벌레 딱지날개는 회색빛을 띤 연한 노란색이며 미세한 털이 많다. 앞가슴등판과 머리가 이어지는 부분이 유난히 가늘다.

- ■■■ 검은병대벌레 주로 5~6월에 많이 보인다. 전체적으로 검은색이지만 앞가슴등판 가장자리에 주황색 무늬가 있다.
- ■■■ 검은병대벌레 딱지날개에 미세한 털이 많이 나 있으며 더듬이 기부, 큰턱 주변, 배 아랫면이 주황색이다.
- ■■■ 검은병대벌레 암컷 날개돋이가 완전하지 않았던 듯 날개가 굽었다.

노랑테병대벌레 몸길이는 14∼16mm. 머리 앞부분은 적갈색이고 앞가슴등판 양옆으로 주황빛 테두리가 있다. 표본일 때나 개체에 따라 노란색으로 보이기도 한다.

노랑테병대벌레 5∼6월에 많이 보인다.

노랑테병대벌레 딱지날개에 부드러운 털이 덮여 있다.

노랑테병대벌레 검은병대벌레와 비슷하게 생겼지만 머리 앞부분, 앞가슴등판의 테두리가 다르다.

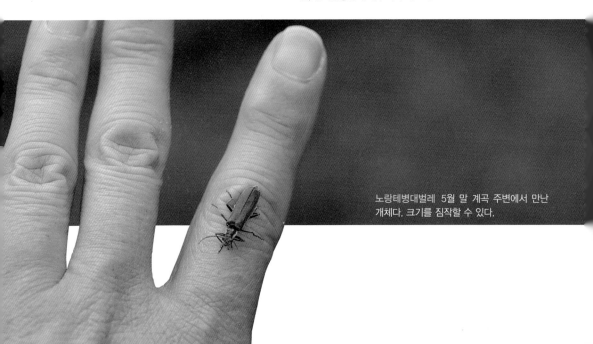

노랑테병대벌레 5월 말 계곡 주변에서 만난 개체다. 크기를 짐작할 수 있다.

멋쟁이병대벌레 이름과 달리 앞가슴등판과 딱지날개에 별다른 멋쟁이병대벌레 5월 말에 계곡 주변에서 만난 개체다.
무늬가 없다.

● 방아벌레과(방아벌레상과)

방아벌레는 이 곤충이 뒤집혔을 때 방아를 찧듯이 일어난다고 해서 붙인 이름입니다. 그 모습을 살펴볼까요? 긴 돌기처럼 생긴 앞가슴의 뒤쪽 양 끝이 가운데가슴의 움푹 파인 부분(이 부분은 '와공窩孔'이라고 함)에 들어갑니다. 이후 앞가슴과 가운데가슴의 근육을 당기면 이 돌기가 지렛대처럼 작용해 튀어오르는데 이 모습이 방아 찧는 듯해서 붙인 이름이지요. 영어권에서는 'click beetle'이라고 합니다.

대유동방아벌레 몸길이는 15~17mm. 다른 방아벌레에 비해 몸이 넓고 납작하다.

대유동방아벌레의 크기를 짐작할 수 있다.

대유동방아벌레 전체적으로 붉은색을 띤다. 개체마다 색깔 차이가 있다.

대유동방아벌레 연한 갈색 개체다.

대유동방아벌레 더듬이는 검은색이며 톱날 모양이다.

대유동방아벌레의 톱날 모양 더듬이

대유동방아벌레 자극을 주면 몸을 뒤집어 더듬이와 다리를 접고 죽은 척한다.

대유동방아벌레 짝짓기 성충은 초본류의 잎을 먹는다고 알려졌다. 그 밖의 생태 정보에 대해서는 알려진 것이 별로 없다.

녹슬은방아벌레 몸길이는 12~16mm, 몸이 약간 납작하다. 앞가슴등판은 넓은 종 모양이며 가운데에 돌기가 2개 있다.

녹슬은방아벌레 전국적으로 서식하며 5~10월에 볼 수 있다.

녹슬은방아벌레의 크기를 짐작할 수 있다.

녹슬은방아벌레 죽은 척(의사 행동)하다가 '딱' 소리를 내며 튀어오른다.

녹슬은방아벌레 딱지날개 한쪽을 다쳤다. 속에 부드러운 속날개가 보인다.

녹슬은방아벌레 흙을 잔뜩 뒤집어쓰고 있다. 앞가슴등판 가운데 돌기가 보인다.

자료를 찾아보면 가는꽃녹슬은방아벌레도 보이는데 둘의 차이점에 대해 정확하게 설명하는 부분은 없습니다. 외형상 구별하기가 어려운 모양입니다.

군이 한 가지 차이점을 들자면 앞가슴등판에 있는 돌기의 길이입니다. 이 돌기가 가로로 더 길면 가는꽃녹슬은방아벌레라고 하는데 이 역시 개체마다 차이가 있어 확실한 구별점은 아닌 것 같습니다. 여기에서는 참고용으로 가는꽃녹슬은방아벌레로 추정되는 개체를 올리는 것으로 대신합니다.

가는꽃녹슬은방아벌레(추정) 앞가슴등판에 있는 돌기가 녹슬은방아벌레보다 가로로 더 길다. 8월에 만난 개체다.

가는꽃녹슬은방아벌레(추정) 6월에 만난 개체다.

진홍색방아벌레 몸길이는 10~12mm, 전체적으로 광택이 강하며 딱지날개가 진홍색이다.

진홍색방아벌레 북부와 중부지방에 주로 서식하며 성충은 8월에서 이듬해 5월까지 보인다.

진홍색방아벌레 더듬이는 짧고 톱날 모양이 희미하다.

진홍색방아벌레 딱지날개와 달리 배 아랫면은 검은색이다. 더듬이와 다리도 검은색이다.

진홍색방아벌레 앞가슴등판 뒤쪽에 방아벌레답게 뾰족한 돌기가 있다. 딱지날개 앞부분은 눌린 듯하고 점으로 이루어진 세로 줄 무늬가 뚜렷하다.

진홍색방아벌레 가을부터 이듬해 봄까지 나무껍질 속에서 성충으로 월동한다.

진홍색방아벌레 이른 봄에 만난 개체들로 월동체다.

검정테광방아벌레 몸길이는 9~14mm, 몸이 가늘고 길쭉하다. 전국적으로 분포하며 7~8월에 많이 보인다.

검정테광방아벌레 이름처럼 검정 테두리가 있다. 생태는 잘 알려지지 않았다.

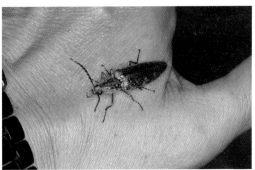

왕빗살방아벌레 암컷 몸길이는 22~27mm, 수컷은 더듬이가 빗살 모양이며 암컷은 톱날 모양이다. 수컷은 자연 상태에서 보기 힘들 정도로 개체 수가 적다.

왕빗살방아벌레의 크기를 짐작할 수 있다.

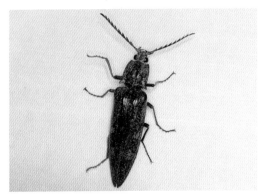

왕빗살방아벌레 전국적으로 분포하며 4~6월에 보인다. 성충은 야행성으로 불빛에도 잘 찾아든다.

왕빗살방아벌레 암컷 두 마리가 등화 천에 날아왔다.

왕빗살방아벌레가 날기 위해 딱지날개를 열고 속날개를 펼치고 있다.

왕빗살방아벌레 몸이 길고 배 끝으로 갈수록 좁아진다. 전체적으로 갈색이며 황갈색 무늬가 있다.

왕빗살방아벌레 애벌레는 나무껍질 속이나 흙 속에서 발견되며 작은 곤충을 잡아먹는다. 가을에 번데기를 거쳐 성충이 되고 성충 상태로 월동한다.

왕빗살방아벌레 야행성이지만 낮에 나뭇잎 근처에서 휴식을 취하는 모습이 가끔 보인다.

■■■ 붉은다리빗살방아벌레 몸길이는 15～19mm, 몸이 가늘고 길며 배 끝으로 갈수록 가늘다. 앞가슴등판은 볼록하고 딱지날개에
　　는 황회색 털이 덮여 있다.

■■■ 붉은다리빗살방아벌레 전국적으로 분포하며 몸은 광택이 나는 검은색이다. 다리와 더듬이는 적갈색이다.

■■■ 붉은다리빗살방아벌레 4～6월에 많이 보이며 밤낮으로 보인다.

■■■ 루이스방아벌레 수컷 몸길이는 21～33mm, 광택이 나는 갈색 또는 어두운 갈색이며 딱지날개 가운데가 가장 넓다. 더듬이가
　　빗살 모양이다. 4～10월에 보이며 불빛에도 찾아든다.

■■■ 루이스방아벌레 암컷 루이스는 발견자 이름이다.

■■■ 루이스방아벌레 암컷의 크기를 짐작할 수 있다.

■■■ 루이스방아벌레 옆모습 가슴 앞쪽과 딱지날개 앞쪽이 볼록하다.

■■■ 루이스방아벌레 암컷 수컷과 달리 더듬이가 톱날 모양이다.

크라아츠방아벌레 몸길이는
8~12mm, 딱지날개 가운데 부분
양쪽으로 황색 점무늬가 있다.

크라아츠방아벌레 몸은 검은색
이며 금속광택이 난다. 성충으로
월동한다.

크라아츠방아벌레 더듬이는
약간 길며 톱날 모양이다.

크라아츠방아벌레 앞가슴등판
은 볼록하며 배 쪽과 다리에 털
이 많다. 5월에 만난 개체다.

큰빗살방아벌레(검정빗살방아벌레) 이전에 '검정
빗살방아벌레'라고 불렸는데 국명이 바뀌었다.

큰빗살방아벌레(검정빗살방아벌레)
몸길이는 17mm 정도다.

큰빗살방아벌레(검정빗살방아벌레) 전체적
으로 광택이 나는 검은색이며 회색 털이 등
쪽에 덮여 있다. 성충으로 겨울을 나며 봄부
터 여름까지 보인다.

큰빗살방아벌레(검정빗살
방아벌레) 짝짓기

얼룩방아벌레 몸길이는 17~18mm, 앞가슴이 길고 앞가슴등판과 딱지날개에 얼룩덜룩한 무늬가 있다. 더듬이는 톱날 모양이며 앞가슴등판 뒤쪽 끝이 뾰족하다. 뒤집어졌을 때 지렛대처럼 사용한다.

얼룩방아벌레 딱지날개에 세로줄이 뚜렷하며 몸에 누런 털이 빽빽하다.

얼룩방아벌레 털이 빠지니 전체적으로 광택이 드러난다. 다른 방아벌레처럼 보인다.

얼룩방아벌레 단단한 딱지날개 안에 부드러운 속날개가 있다.

얼룩방아벌레 앞가슴등판이 볼록하며 가운데에 홈이 파여 있다. 애벌레와 성충으로 월동한다고 알려졌다.

얼룩방아벌레의 크기를 짐작할 수 있다.

모진방아벌레 몸길이는 12∼16mm, 앞가슴등판과 딱지날개에
금빛 털이 군데군데 뭉쳐 있어 얼룩얼룩해 보인다.

모진방아벌레의 크기를 짐작할 수 있다.

모진방아벌레 이 속에 속한 방아벌레 애벌레는 침엽수의 썩은
그루터기나 부엽토를 먹고, 성충은 솔나방류나 솔잎벌류의 번
데기를 먹는 포식자로 알려졌다.

모진방아벌레 뛰어난 보호색이다. 땅에 있으면 구별하기가 어렵
다. 전국적으로 분포하며 4∼6월에 많이 보인다.

모진방아벌레 오래된 개체는 몸의 털이 빠져 전혀 다른 방아벌
레처럼 보인다. 딱지날개 한쪽 털이 빠지고 있다.

모진방아벌레 자극을 주면 죽은 척한다. 시간이 지나면 튀어 올
라 도망간다.

북방색방아벌레 이전에 노란점색방아벌레라고 잘못 불렸던 방아벌레다. 최근에 이름이 수정되었다. 몸길이는 10mm 내외, 딱지날개가 시작되는 부분에 노란색 점이 두 개 있다.

북방색방아벌레 나무껍질 속에서 성충으로 월동하여 이른 봄부터 눈에 띈다. 3월에 만난 개체다.

북방색방아벌레 전체적으로 길쭉하고 딱지날개에 세로 홈이 뚜렷하다. 꽃과 버섯에서 보인다. 버섯 위에 있는 개체다.

북방색방아벌레 방아벌레아과 색방아벌레족에 속한다. 같은 집안에 진홍색방아벌레, 오팔색방아벌레 등이 있다.

시이볼드방아벌레 몸길이는 26~30mm, 흑갈색 딱지날개에 황색 털이 빽빽하다. 앞가슴등판 뒤쪽 돌기가 뾰족하며 딱지날개에 세로줄이 파여 있다.

시이볼드방아벌레 앞가슴등판이 볼록 솟아 둥글게 보인다. 7~9월에 많이 보인다. '시이볼드'는 사람 이름이다.

다색주둥이방아벌레 이름 외에 생태 정보가 없다.

다색주둥이방아벌레 앞의 개체와 완전히 색이 다른 개체다. 앞가슴등판 모양만 비슷하다. 체색 변이가 상당히 심한 종이다. 변이가 다양해 전혀 다른 종처럼 보인다.

다색주둥이방아벌레 앞가슴등판 모양이 매우 독특하다.

다색주둥이방아벌레 5월 말에 만난 개체다.

누런방아벌레 몸길이는 10mm 내외, 머리는 검은색이며 딱지 날개는 황갈색이다. 몸 전체에 누런색 털이 덮여 있다.

누런방아벌레 딱지날개에 굵은 세로줄이 있다. 성충으로 월동한다.

누런방아벌레 전체적으로 길쭉하며 앞가슴등판 뒤쪽 가장자리 돌기가 잘 발달했다. 더듬이는 검은색에 가깝고 톱날 모양이다.

진청동방아벌레 몸길이는 15~25mm, 몸은 흑갈색이며 청동빛 광택이 난다.

진청동방아벌레의 크기를 짐작할 수 있다.

진청동방아벌레 딱지날개에 청동색이 광택을 띠어 선명하다.
5~6월에 많이 보인다.

진청동방아벌레 성충으로 월동한다.

진청동방아벌레 5~6월에 짝짓기를 한 뒤 알을 낳는다. 애벌레
로 2~3년간 땅속에서 감자 등 식물을 먹으면서 자라다가 가을
에 번데기를 거쳐 성충이 되고 그 상태로 월동한다.

진청동방아벌레 검은색이 강한 개체다.

진청동방아벌레 구릿빛 광택이 나는 개체다.

고려청동방아벌레 몸길이는 15~18mm, 진한 자줏빛을 띠며 잔털이 빽빽하다.

고려청동방아벌레 몸은 넓고 납작한 타원형이며 애벌레로 월동한다.

고려청동방아벌레 앞가슴등판 뒤쪽 돌기가 매우 발달했다.

주걱턱방아벌레 앞가슴등판이 매우 긴 방아벌레다. 이름만큼이나 생김새가 독특하다.

주걱턱방아벌레 이름 외에 생태 정보가 없다.

주걱턱방아벌레 짝짓기 6월이 짝짓기 시기인 듯 보인다. 6월 27일에 만난 개체다.

● 어리방아벌레과(방아벌레상과)

어리방아벌레는 방아벌레와 매우 비슷하게 생겼습니다. 아직 연구가 진행 중인 분류군으로 국명이 정해지지 않은 종이 많습니다. 더듬이와 몸 생김새가 독특한 종이 많지요.

　분류학에서는 방아벌레와 어리방아벌레를 구분할 때 더듬이 두 번째 마디 위치를 본다고 합니다. 더듬이 두 번째 마디가 첫 번째 마디와 붙는 위치가 약간 아래쪽으로 치우쳐 있으면 어리방아벌레라고 하고, 끝에 붙어 있으면 방아벌레라고 한답니다. 국립수목원의 국가생물종지식정보 '곤충' 항목에는 어리방아벌레(*Xylobiusainu ainu* Fleutiaux, 1923) 한 종에 대한 표본 사진만 있고 생태 정보는 없습니다.

　지난 4월 1일 썩은 나무껍질 속에서 월동하는 여러 마리의 방아벌레를 보았는데 국가생물종지식정보의 표본과 비슷합니다. 여기에서는 참고용으로 사진과 간단한 설명만 덧붙이는 것으로 대신합니다.

　방아벌레와 이름이 비슷한 방아벌레붙이는 방아벌레과가 아니라 머리대장상과 버섯벌레과에 속합니다. 정확하게는 버섯벌레과 방아벌레붙이아과죠. 방아벌레붙이는 버섯벌레과와 함께 다루기로 합니다.

어리방아벌레　몸길이는 4~5mm다.

어리방아벌레　몸은 광택이 나는 검은색이다. 딱지날개 앞부분과 다리는 황갈색이다.

어리방아벌레 성충으로 월동한다. 나무껍질 속에서 월동한 개체들이다.

어리방아벌레 월동체 4월 1일에 만난 개체다.

어리방아벌레는 더듬이 두 번째 마디 위치가 방아벌레와 다르다.

● 반딧불이과(방아벌레상과)

반딧불이는 발광기관이 있는 곤충으로 암수가 모두 빛을 냅니다. 개똥벌레, 불벌레라고도 불렀으며 영어권에서는 fire fly, lightning bug라고 합니다. 모두 '빛을 내기' 때문에 붙인 이름이지요.

우리나라에는 반딧불이아과, 애반딧불이아과, 갈색반딧불이아과가 있으며, 반딧불이아과에 늦반딧불이, 꽃반딧불이 등이, 애반딧불이아과에 애반딧불이, 운문산반딧불이, 파파리반딧불이 등이 있습니다. 암수 모두 날개가 있어 날아다니는 종이 있고 늦반딧불이처럼 수컷은 날개가 있지만 암컷은 날개가 없는 종도 있습니다.

애벌레는 물속에 살기도 하고, 습기가 많은 육상에 살기도 합니다. 애반딧불이처럼 물속에 사는 종은 다슬기 등을 잡아먹으며 늦반딧불이처럼 육상에 사는 종은 육상 달팽이 등을 잡아먹습니다. 늦반딧불이는 애벌레도 발광기관이 있어 빛을 냅니다.

애반딧불이 몸길이는 7~10mm다.

배의 두 마디에서 빛이 나는 건 수컷이다. 암컷은 수컷보다 좀 더 크고 배 한 마디에서만 빛이 난다.

애반딧불이 수컷

애반딧불이 수컷 암컷보다 조금 작으며 제6~7 배마디에 발광 기관이 있다. 성충의 수명은 보통 15일 정도로 알려졌다.

애반딧불이 애벌레 짝짓기 후 암컷이 물가 주변의 이끼에 알을 낳는다. 애벌레는 물속생활을 하며 다슬기 등을 잡아먹는다.

늦반딧불이 애벌레 육상 생활을 하며 달팽이 등을 잡아먹는다. 애반딧불이보다 늦게 활동한다. 큰턱이 매우 날카롭다.

늦반딧불이 애벌레의 배 아랫면과 발광기관(동그라미 친 부분)

1개의 발광마디

1마디 양 끝에 발광점 2개

늦반딧불이 암컷 수컷과 달리 날개가 없다. 풀잎에 앉아 수컷 보다는 약한 빛을 내어 수컷을 유인한다.

늦반딧불이 암컷의 발광기 늦반딧불이는 두 마디에서 발광하는 것처럼 보이지만 한 마디에서 발광하고 그 아래 마디에 발광점이 2개 있다.

늦반딧불이 수컷 암컷과 달리 발광기는 두 마디이다.

늦반딧불이의 암수 왼쪽이 수컷, 오른쪽이 암컷이다.

늦반딧불이 암수 수컷은 암컷이 내는 빛을 찾아야 하기 때문에 암컷보다 겹눈이 더 크게 발달했다.

늦반딧불이 짝짓기 짝짓기 후 암컷은 한꺼번에 알을 여러 개 낳는다.

● 홍반디과(방아벌레상과)

밤에 빛을 이용하여 짝짓기를 하는 반딧불이와 이름이 비슷해 혼동됩니다. 하지만 홍반디과에 속하는 곤충은 성페로몬을 이용해 짝짓기하기 때문에 더 듬이가 크고 길게 발달한 종이 많습니다. 딱지날개는 붉은색, 배는 검은색을 띤 종이 많습니다. 애벌레는 오래된 나무나 나무껍질 속에서 다른 곤충의 애벌레를 잡아먹습니다.

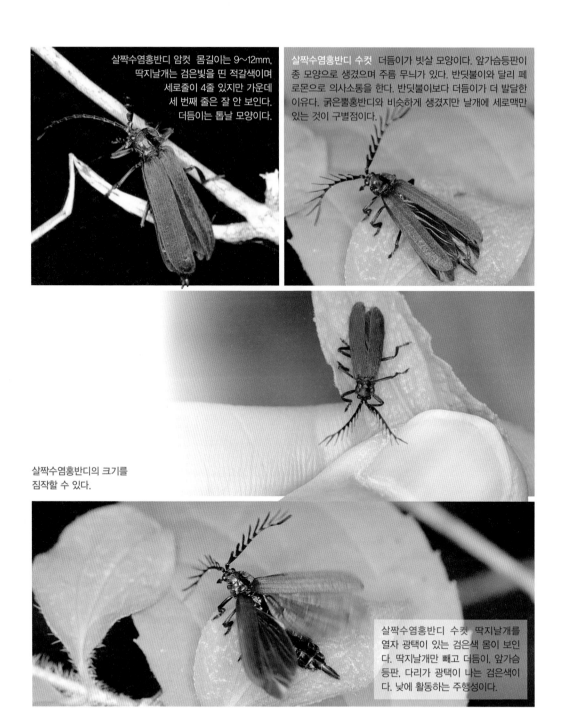

살짝수염홍반디 암컷 몸길이는 9~12mm, 딱지날개는 검은빛을 띤 적갈색이며 세로줄이 4줄 있지만 가운데 세 번째 줄은 잘 안 보인다. 더듬이는 톱날 모양이다.

살짝수염홍반디 수컷 더듬이가 빗살 모양이다. 앞가슴등판이 종 모양으로 생겼으며 주름 무늬가 있다. 반딧불이와 달리 페로몬으로 의사소통을 한다. 반딧불이보다 더듬이가 더 발달한 이유다. 굵은뿔홍반디와 비슷하게 생겼지만 날개에 세로맥만 있는 것이 구별점이다.

살짝수염홍반디의 크기를 짐작할 수 있다.

살짝수염홍반디 수컷 딱지날개를 열자 광택이 있는 검은색 몸이 보인다. 딱지날개만 빼고 더듬이, 앞가슴등판. 다리가 광택이 나는 검은색이다. 낮에 활동하는 주행성이다.

굵은뿔홍반디 암컷 몸길이는 7~13mm, 붉은색인 딱지날개를
제외하곤 전체가 광택이 있는 검은색이다.

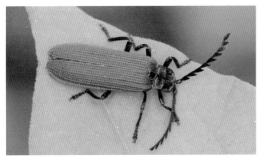

굵은뿔홍반디 암컷 살짝수염홍반디와 비슷하지만 딱지날개에
굵은 가로맥과 얇은 세로맥이 모두 있다. 살짝수염홍반디는 세
로맥만 있다.

굵은뿔홍반디 암컷 더듬이가 톱날 모양이다. 수컷은 빗살 모양이
다. 크기를 짐작할 수 있다.

어리홍반디 몸길이는 8~13mm다. 딱지날개에 세로 홈만 있고
가로 홈은 없다. 암수 모두 더듬이가 톱날 모양이다. 5~6월에
계곡 주변에서 많이 보인다.

어리홍반디의 크기를 짐작할 수 있다.

어리홍반디 앞가슴등판 모양이 매우 독특하다.

어리홍반디 앞가슴등판은 광택이 나는 검은색이며 가운데에 십자 모양이나 화살 모양의 홈이 있다.

어리홍반디 딱지날개 안에 검은빛을 띤 부드러운 속날개가 있다.

별홍반디 몸길이는 5~9mm. 앞가슴등판에 많은 주름 무늬가 있어 앞가슴등판을 7구역으로 나눈다. 딱지날개는 붉은빛을 띤 갈색이며 가로 홈과 세로 홈이 모두 있다.

별홍반디 짝짓기 5~6월에 많이 보인다.

거무티티홍반디 앞가슴등판에 주름 무늬가 있어 앞가슴등판을 5구역으로 나눈다. 딱지날개에 도드라진 세로줄 3줄과 그 사이에 잔 가로줄이 있다. 7월에 만난 개체다.

주홍홍반디 몸길이는 8~13mm, 딱지날개는 붉은색이다. 주름 무늬가 많은 앞가슴등판은 검은빛을 띤 갈색이다. 5~7월에 많이 보이며 애벌레는 육식성이고 성충은 나무의 즙을 먹는다고 알려졌다.

큰홍반디 몸이 납작하고 머리는 작다. 윗면은 전체가 짙은 붉은색이다. 성충은 벌채목이나 풀밭에서 보인다.

큰홍반디 몸길이는 14mm 정도이고 다리가 납작하게 생겼다. 앞가슴등판 가운데에 굵은 검은색 줄무늬가 있으며 딱지날개에 가는 줄이 있다.

● 개나무좀과(개나무좀상과)

몸 모양은 타원형이고, 애벌레는 죽은 나무를 먹고 살며 성충은 가구나 전화선 등을 갉아 먹는다고 합니다. 딱지날개 끝부분이 거의 직각 형태로 굽은 것이 특징입니다. 이름이 비슷한 '○○나무좀'은 개나무좀상과가 아니라 바구미상과에 속합니다. 정확히 바구미상과 나무좀과 나무좀아과에 속합니다.

사과개나무좀 나무에 터널 모양의 구멍을 뚫고 산다. 딱지날개 끝이 잘린 듯 가파르다.

사과개나무좀 암컷 겹눈 사이에 털 뭉치가 있으면 암컷, 없으면 수컷이다.

사과개나무좀 6월에 보이며 밤에도 보인다.

사과개나무좀 암컷 느티나무에 구멍을 뚫고 있다.

사과개나무좀 짝짓기 구멍 안에 있는 개체가 수컷이다.

사과개나무좀의 크기를 짐작할 수 있다.

사과개나무좀 물푸레나무, 사과나무, 뽕나무, 느티나무 등에 구멍을 뚫는다고 알려졌다.

알락등왕나무좀 머리는 앞가슴등판 아래 있어 위에서 보면 잘 보이지 않는다. 앞가슴등판에 가시 같은 돌기가 있고 딱지날개 끝이 가파르다.

알락등왕나무좀 7월에 불빛에 찾아든 개체로 크기를 짐작할 수 있다. 앞가슴등판과 딱지날개 끝까지의 길이는 15mm 정도다. 앞가슴등판과 딱지날개에 황색 무늬가 흩어져 있고 오돌토돌한 점각이 몸을 덮고 있다.

● 수시렁이과(개나무좀상과)

수시렁이는 더듬이가 독특합니다. 11마디로 이루어진 더듬이는 끝이 곤봉 모양이지요. 보통 건조한 동물질을 먹지만 식물질인 곡식 등을 먹는 종도 있고 다른 곤충의 알에 기생하는 종도 있습니다.

홍띠수시렁이 몸길이는 7～8mm로 수시렁이 중에서 큰 편에 속한다. 1년에 1회 나타나며 성충으로 월동한다. 짝짓기에 성공한 암컷은 5월경 연한 노란색 알을 100～200개 낳는다.

홍띠수시렁이 다양한 종류의 곡식을 먹는다고 알려졌다.

홍띠수시렁이 11마디로 이루어진 더듬이는 끝 3마디가 부풀어 있어 곤봉처럼 보인다. 전체적으로 검은색 털이 덮여 있으며 딱지날개 앞부분에 불꽃 모양의 붉은 띠가 있다. 그 띠 안에 검은색 점 4개가 양쪽으로 있다.

검정수시렁이 몸길이는 8mm 정도다. 1년에 1회 나타나며 성충과 번데기 상태로 월동한다.

검정수시렁이의 크기를 짐작할 수 있다.

검정수시렁이 전체적으로 검은색이며 머리와 앞가슴등판 앞부분에 누런 털이 덮여 있다. 더듬이 끝 3마디가 부풀어 있어 곤봉처럼 보인다.

검정수시렁이 아랫면에 흰색 털이 독특한 모양으로 나 있다. 마치 물감이 묻은 듯하다. 살짝 건드리자 죽은 척한다.

검정수시렁이 4월 초 두더지 사체에서 관찰한 개체다.

● 표본벌레과(개나무좀상과)

곤충의 표본과 박제된 동물의 털이나 가죽을 갉아 먹어 붙인 이름입니다. 하지만 표본뿐만 아니라 다양한 곳에서 발견되는 곤충으로, 창고나 오래된 단독주택 같은 곳에서 종종 보입니다.

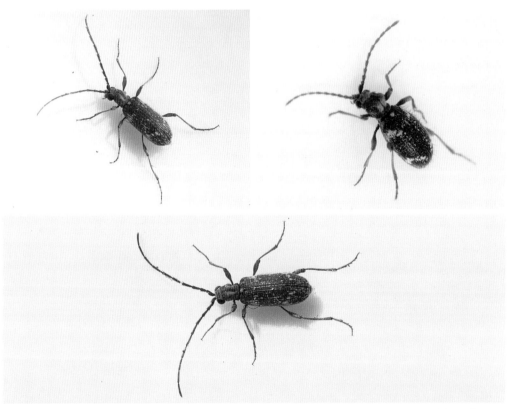

▪▪ 길쭉표본벌레 수컷 몸길이는 2~5mm, 몸이 길쭉하고 더듬이가 길다. 곡식류, 마른고기, 약초, 동식물 표본, 저장물 등을 먹는다고 알려졌다.

▪▪ 길쭉표본벌레 암컷 몸이 약간 표주박 모양이고 더듬이는 수컷에 비해 짧다.

▪▪ 길쭉표본벌레 1년에 1~2회 나타나며 대부분 애벌레로 월동하지만 성충으로 월동하기도 한다. 2월에 만난 개체. 성충의 수명은 약 5개월이며 40여 개의 알을 낳는다고 알려졌다.

● 개미붙이과(개미붙이상과)

개미와 닮아서 붙인 이름입니다. 몸이 가늘고 길며 머리가 튀어나와 있습니다. 애벌레와 성충 모두 육식성으로 알려졌지만 성충 가운데 일부는 꽃가루를 먹기도 합니다.

■ 참개미붙이 이전엔 개미붙이라고 했으나 잘못된 이름으로 밝혀져 현재는 참개미붙이라고 한다. 나무좀의 천적으로 알려졌다.

■ 참개미붙이 몸길이는 7～10mm, 4～8월에 보인다. 온몸이 황백색 털로 덮여 있다. 머리와 앞가슴등판은 검은색이다.

■ 참개미붙이 나무를 뒤지고 다니면서 작은 곤충을 잡아먹는다. 알도 나무 속에 낳는다. 애벌레도 나무 속에 살면서 작은 곤충을 잡아먹는다. 배는 적갈색이다.

■ 참개미붙이의 크기를 짐작할 수 있다.

■ 참개미붙이 침이 있는 개미벌을 많이 닮았다. 흉내 내기(의태)의 일종으로 보인다. 딱지날개 위는 붉은색, 가운데는 검은색이다. 아래에 흰색 띠무늬가 있다.

불개미붙이 몸길이는 14~18mm, 우리나라 개미붙이류 가
운데 가장 큰 종이다. 머리와 가슴은 청람색을 띠고 딱지날개에
는 붉은색과 검푸른색이 번갈아 나타난다. 5~8월에 활동한다.

불개미붙이 주로 개망초 등 꽃에 앉아 있지만 땅에 돌아다니는
모습도 종종 보인다.

불개미붙이 구멍벌이 만들어 놓은 애벌레 집에 기생하는 것으
로 알려졌다.

불개미붙이 딱지날개를 열면 부드러운 속날개가 보인다. 잘 날지
는 않는다.

불개미붙이 앉아 있을 때는 머리를 숙인다. 생김새가 개미를
닮았고 붉은색이라 붙인 이름이다.

불개미붙이 성충은 꽃꿀보다는 꽃가루를 즐겨 먹는다.

긴개미붙이 몸길이는 8~10mm, 적갈색을 띤 몸이 길쭉한 편이다. 딱지날개에 황갈색 무늬가 있다. 온몸이 털로 덮여 있다.

긴개미붙이 물에 빠진 개체를 건진 것이다. 8월 계곡 주변에서 만난 개체다.

긴개미붙이 나무좀류의 천적으로 알려졌다. 밤에 불빛에도 찾아든다. 9월에 만난 개체다.

줄무늬개미붙이 긴개미붙이와 비슷하게 생겼지만 딱지날개에 닻 모양의 무늬가 있는 것이 구별점이다.

줄무늬개미붙이 5~6월에 자주 보인다. 딱지날개의 무늬는 개체마다 조금씩 차이가 있다.

줄무늬개미붙이 짝짓기 불빛에 찾아와 짝짓기를 하고 있다. 6월 말에 관찰했다.

● 의병벌레과(개미붙이상과)

몸이 부드러운 털로 덮여 있고 딱지날개는 배를 다 덮지 못합니다. 병대벌레와 비슷하게 생겼지만 머리 모양이 다릅니다. 성충은 꽃이나 풀잎 위에 있다가 작은 곤충을 잡아먹고 애벌레는 나무에 구멍을 뚫고 사는 곤충의 애벌레를 잡아먹습니다. 영어권에서는 'soft-winged flower beetle'이라고 합니다.

현재 의병벌레과는 의병벌레과와 무늬의병벌레과로 나뉘는 추세입니다. 발해무늬의병벌레(예전에 동정이 잘못되어 노랑무늬의병벌레라고 불림)는 의병벌레과가 아닌 무늬의병벌레과로 바뀌는 것이지요. 여기에서는 혼동을 줄이기 위해 이전 과명 그대로 표기합니다. 국명이 정해지지 않은 의병벌레류도 최근에는 무늬의병벌레과로 다루고 있습니다.

발해무늬의병벌레 몸길이는 5~6mm, 5~6월에 보이며 딱지날개에 짧은 회색 털이 덮여 있다.

발해무늬의병벌레 수컷 더듬이가 시작되는 부분에 향기주머니가 있다(동그라미 친 부분).

218

발해무늬의병벌레 암컷 더듬이 시작 부분에 향기주머니가 없다.

발해무늬의병벌레 암컷 짝짓기 때 수컷은 더듬이 시작 부분에 있는 향기주머니(분비샘)에서 분비물을 내어 암컷에게 준다. 암컷이 이것을 받아먹고 난 뒤에 짝짓기가 이루어진다.

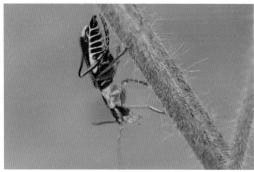

발해무늬의병벌레 배 아랫면에 검은색 무늬가 있다.

발해무늬의병벌레 앞가슴등판 양옆. 딱지날개 양옆과 끝이 노란색이다.

발해무늬의병벌레의 크기를 짐작할 수 있다. 숲 가장자리 풀밭에 살며 성충은 다른 곤충을 잡아먹거나 꽃가루를 먹기도 한다.

발해무늬의병벌레 수컷의 얼굴

발해무늬의병벌레가 딱지날개를 열자 색과 무늬가 독특한 배 윗면이 나타난다.

검털긴의병벌레 아주 작은 의병벌레다. 주로 4~5월에 보인다.

검털긴의병벌레 푸른빛을 띤 검은색 몸에 털이 있어 붙인 이름이다.

검털긴의병벌레 암컷 위에서 보면 머리가 오각형이다. 더듬이
는 구슬을 꿴 것 같고, 위로 갈수록 구슬 모양이 동그래진다.

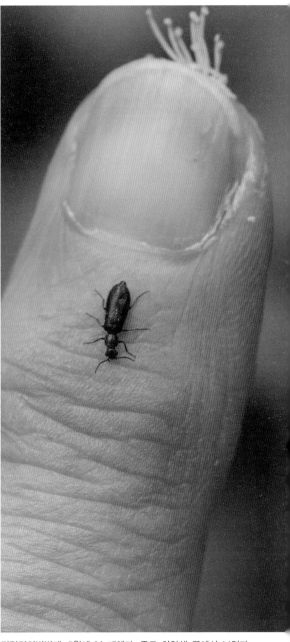

검털긴의병벌레 5월에 본 개체다. 주로 하얀색 꽃에서 보인다.
크기를 짐작할 수 있다.

의병벌레류(국명 없음) 수컷 날개 끝이 뾰족한 쐐기 모양이다. 4월에 만난 개체다. 학명은 *Axinotarsus marginalis* (Laporte de Castelnau)이다.

의병벌레류(국명 없음)

의병벌레류(국명 없음) 발해무늬의병벌레와 비슷하게 생겼지만, 앞가슴등판의 가두리. 딱지날개 끝과 배도 붉은색이다. 크기를 짐작할 수 있다. 더듬이를 다쳤다. 5월에 만난 개체다.

● 쌀도적과(개나무좀상과)

성충은 다양한 먹이를 먹는 것으로 알려졌습니다. 일부는 육식성이며 또 어떤 종은 균을 먹는다고 알려졌고 꽃가루를 먹는 종도 있다고 합니다. 애벌레는 저장된 곡식에서 생활합니다. 이 때문에 붙은 이름인 듯합니다.

■ 얼러지쌀도적 몸길이는 10〜13mm, 몸에 얼룩덜룩한 무늬가 많아 붙인 이름이다.

■ 얼러지쌀도적 머리와 맞닿은 앞가슴등판 가두리의 옆이 약간 뾰족하며 위로 튀어나왔다. 크기를 짐작할 수 있다.

■ 얼러지쌀도적 연중 보이며 특히 5〜6월에 나무껍질 등에서 많이 보인다.

■ 얼러지쌀도적

■ 얼러지쌀도적 나무껍질 속에서 성충으로 겨울을 나기도 한다.

● 쑤시기붙이과(머리대장상과)

우리나라엔 2종이 알려졌으며 몸길이는
2.5~5.5밀리미터로 작은 편입니다. 몸은
길쭉하고 부드러운 털로 덮여 있습니다.

● 무당벌레과(머리대장상과)

색깔이 알록달록한 개체가 많아 붙인 이름입
니다. '됫박'처럼 보인다고 해서 됫박벌레로도

솜털쑤시기붙이 눈이 튀어나왔고, 몸이 길며 옅
은 노란색 털로 덮여 있다. 5월에 관찰한 개체다.

불렀으며, 태양을 향해 날아가는 것처럼 보인다고 해서 한

자로는 '천도天道', 영어권에서는 ladybird beetles 또는 ladybugs라고 합니다.

식물을 먹는 종도 일부 있지만 대부분 진딧물과 같은 작은 곤충을 잡아먹
습니다. 우리나라에 70여 종 이상이 산다고 알려졌습니다. 대부분 성충으로
월동하며 1년에 1~4세대를 거칩니다.

무당벌레과의 대표 종은 무당벌레입니다. 그런데 같은 무당벌레라도 딱지날
개의 무늬가 워낙 다양해 그냥 무당벌레라고 부르기가 망설여질 정도입니다.

몸길이는 5~8밀리미터로 애벌레와 성충 모두 육식성입니다. 짝짓기 후
암컷은 보통 20~50개의 알을 낳습니다. 집단으로 모여 성충으로 월동합니
다. 우리나라에 70~80종 이상의 무당벌레가 살고 있다는데 특성이 뚜렷한
종을 빼고는 형태만으로 구별하기가 어렵습니다.

여기에서는 특성이 뚜렷한 몇몇 종의 무당벌레를 빼고는 모두 '무당벌레'
라고 표기합니다. 이 가운데 다양한 무당벌레 종류들이 섞여 있을 것입니다.
아쉽지만 '무당벌레'로만 표기하고 참고 자료용으로 올립니다. 짝짓기 장면
을 많이 넣은 이유는 무늬는 달라도 같은 종임을 밝히기 위해서입니다.

무당벌레 짝짓기

224

무당벌레 산란

무당벌레 애벌레 허물벗기

무당벌레 애벌레

무당벌레 애벌레

무당벌레 번데기

무당벌레 날개돋이

무당벌레

무당벌레

무당벌레

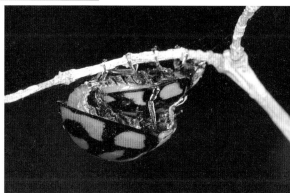

■ 남생이무당벌레 몸길이는 10∼13mm, 우리나라 무당벌레 중 가장 크다. 딱지날개 무늬가 독특하다. 성충으로 월동한다.
■ 남생이무당벌레 딱지날개에 나타난 무늬가 한자로 갑甲 자처럼 보인다. 이 무늬가 토종 거북인 남생이를 닮아 붙인 이름이라고 한다.
■ 남생이무당벌레 딱지날개 무늬는 개체마다 차이가 있다.
■ 남생이무당벌레 짝짓기 낮에 본 모습이다. 4∼5월에 이루어지며 2세대는 6∼7월에 나타난다.
■ 남생이무당벌레 짝짓기 무당벌레 가운데 가장 큰 남생이무당벌레가 나뭇가지 위에서 짝짓기하고 있다.

남생이무당벌레는 자극을 받으면 냄새가 고약한 주황색의 방어
물질을 뿜는다.

남생이무당벌레 짝짓기 후 알을 낳고 있다. 주로 죽은 나뭇가지
에 알을 낳는다.

남생이무당벌레 알

알에서 부화한 남생이무당벌레 애벌레

남생이무당벌레 종령 애벌레

남생이무당벌레 애벌레 성충처럼 육식성이다.

남생이무당벌레 애벌레 버들잎벌레 애벌레를 사냥하고 있다.

버들잎벌레 알

남생이무당벌레

남생이무당벌레 성충 작은 곤충이나 알 등을 먹는 육식성이다.

남생이무당벌레 애벌레가 허물을 벗고 번데기가 되고 있다.

남생이무당벌레 번데기는 자극을 받으면 움직여 스스로를 방어
한다.

남생이무당벌레 번데기

남생이무당벌레 번데기의 크기를 짐작할 수 있다.

번데기 허물

막 날개돋이를 끝낸 남생이무당벌레

남생이무당벌레가 번데기 허물을 벗고 성충이 되었다.

남생이무당벌레 성충

칠성무당벌레 몸길이는 5~8mm, 딱지날개에 점이 7개 있다.

칠성무당벌레 육식성이다. 진딧물을 잡아먹고 있다.

칠성무당벌레 성충으로 월동하며 여름잠을 잔다. 이 시기는 짝
짓기나 산란을 하지 않는다.

칠성무당벌레 애벌레 5월에 만난 개체다.

칠성무당벌레 애벌레 10월에 만난 개체다.

칠성무당벌레 번데기

칠성무당벌레가 허물을 벗고 번데기가 되었다.

칠성무당벌레 날개돋이 장면 10월에 만난 개체다.

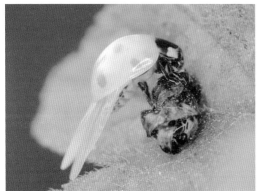

칠성무당벌레 날개돋이

칠성무당벌레 알

달무리무당벌레 몸길이는 6~9mm, 무당벌레보다는 크고 남생이무당벌레보다는 작다. 4~6월에 보인다.

달무리무당벌레 딱지날개의 무늬가 달무리처럼 보여 붙인 이름이다.

달무리무당벌레가 자극을 받자 방어물질을 내고 있다.

달무리무당벌레 짝짓기 암컷은 나무껍질 홈에 알을 15~20개 낳는다.

달무리무당벌레 알

달무리무당벌레는 높은 곳에 다다르면 날개를 펴고 비행한다.

달무리무당벌레가 날 준비를 하고 있다.

달무리무당벌레가 날개를 펴고 날려고 한다.

꼬마남생이무당벌레 몸길이는 3~5mm, 딱지날개 무늬가 남생
이무당벌레와 비슷하다. 크기가 작아 '꼬마'가 붙었다.

꼬마남생이무당벌레의 크기를 짐작할 수 있다.

꼬마남생이무당벌레 작은 무당벌레다.

꼬마남생이무당벌레 봄부터 가을까지 볼 수 있으며 한여름에도
활발히 활동한다.

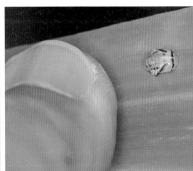

꼬마남생이무당벌레 애벌레 성충과
마찬가지로 진딧물 종류를 잡아먹는다.

꼬마남생이무당벌레 번데기

꼬마남생이무당벌레 번데기의 크기를
짐작할 수 있다.

꼬마남생이무당벌레 짝짓기

꼬마남생이무당벌레 짝짓기 딱지날개 무늬와 색은 개체마다 꼬마남생이무당벌레 짝짓기
차이가 있다.

꼬마남생이무당벌레(흑색형)

꼬마남생이무당벌레

딱지날개에 13개의 점이 있다.　　다리가 길다.

열석점긴다리무당벌레 밤에 불빛에도 잘 찾아든다.

열석점긴다리무당벌레 몸길이는 5~6mm, 성충으로 월동하고 4~5월쯤 짝짓기를 한다.

열석점긴다리무당벌레 번데기의 크기를 짐작할 수 있다.

꼬마남생이무당벌레와 열석점긴다리무당벌레 성충과 애벌레 모두 진딧물을 잡아먹는다.

십구점무당벌레 몸길이는 3∼4mm, 5∼7월에 주로 보인다.

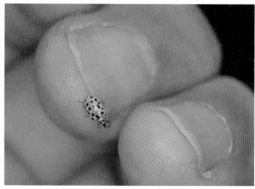

십구점무당벌레의 크기를 짐작할 수 있다.

십구점무당벌레 딱지날개에 검은색 점 19개가 있다.
앞가슴등판에도 검은색 무늬가 6개 있다.

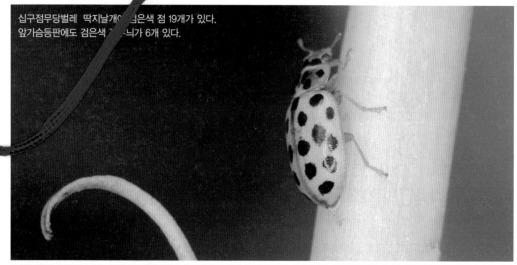

십구점무당벌레 하천가, 논 주변, 해안가 등에 살며
갈대 등에서 서식하는 진딧물, 멸구 등을 잡아먹는
다. 9월에 물옥잠 꽃에서 본 개체다.

다리무당벌레 열석점긴다리무당벌레와 비슷하지만 크기가 작고 앞가슴등판의 무늬도 다르다.

다리무당벌레의 크기를 짐작할 수 있다.

다리무당벌레 짝짓기

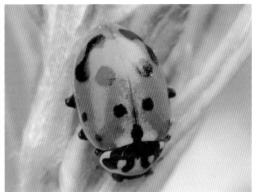

다리무당벌레 개체에 따라 몸 색이나 무늬에 차이가 있다.

다리무당벌레와
열석점긴다리무당벌레
비교

다리무당벌레

열석점긴다리무당벌레

큰이십팔점박이무당벌레 몸길이는 6~8mm, 딱지날개는 짧은 털로 덮여 있으며 검은색 점이 28개 있다.

큰이십팔점박이무당벌레 성충으로 월동하며 애벌레 기간은 15~20일이다. 성충의 수명은 45일 정도다. 1년에 3회 나타나며 가지과 식물을 먹는 초식성이다.

큰이십팔점박이무당벌레 감자 잎을 갉아 먹고 있다.

큰이십팔점박이무당벌레가 잎을 갉아 먹은 흔적이다.

큰이십팔점박이무당벌레 애벌레 몸에 쐐기 같은 돌기가 있다. 가지과 식물을 먹는 초식성이다.

큰이십팔점박이무당벌레 번데기

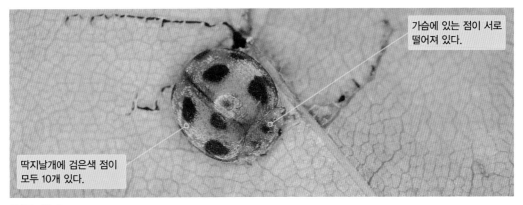

가슴에 있는 점이 서로
떨어져 있다.

딱지날개에 검은색 점이
모두 10개 있다.

곱추무당벌레

곱추무당벌레 몸길이는 4~5mm, 손바닥에 올려놓았다.

곱추무당벌레 황갈색 바탕에 털이 나 있다. 성충과 애벌레 모두
5~6월에 물푸레나무나 쥐똥나무 잎을 갉아 먹는다.

중국무당벌레 8~9월에 보이며 꼭두서니과 식물을 먹는다고
알려졌다. 꼭두서니 줄기 위에 앉아 있다.

가슴과 딱지날개 앞에 있는 점이
서로 붙어서 하나처럼 보인다.

중국무당벌레 몸은 어두운 붉은색이며 커다란 검은색 점이 있다.
부드러운 털로 덮여 있다.

딱지날개 무늬가 1-3-2-1 형태로 배열되어 있다.

1
3
2
1

유럽무당벌레

유럽무당벌레 몸길이는 5~6mm, 5~7월에 보인다.

유럽무당벌레 몸은 황갈색 바탕에 하얀색 무늬가 앞가슴등판과 딱지날개에 있다. 딱지날개 한쪽에 앞에서부터 1-3-2-1로 하얀색 무늬가 있다.

유럽무당벌레 무당벌레류는 아시아에 주로 서식하는데 유럽에도 서식해 붙인 이름이다.

유럽무당벌레 나무이를 먹는 육식성이다.

유럽무당벌레 봄에 뽕나무이가 많은 곳에서 자주 보인다.

유럽무당벌레 흑색형

유럽무당벌레 분홍색형

우리 주변에는 참 다양한 무당벌레가 있다. 같은 무당벌레라도 무늬나 색의 변이가 심해 형태만으로 분류하다 보면 종종 오류에 빠지기도 한다. 가장 대표적인 경우가 무당벌레와 소나무무당벌레다. 둘은 워낙 비슷하게 생겼고 변이가 심한 것이 공통점이다.

이전에는 이 둘을 딱지날개 뒤쪽에 있는 손톱자국 무늬로 구별했다. 이 자국이 있으면 무당벌레이고 없으면 소나무무당벌레라 했다. 하지만 최근 자료에는 무당벌레에도 이 자국이 있는 개체와 없는 개체가 있다고 하니 더 혼란스러운 듯하다.

정확한 동정은 성충 수컷의 생식기를 살펴야 한다고 한다. 하지만 이 둘의 애벌레는 생김새가 달라 구별할 수 있다. 만약 애벌레를 키워서 성충이 되었다면 확실하게 이름표를 달아 줄 수 있을 것이다.

여기에서는 소나무무당벌레로 추정되는 개체(손톱자국이 있는 개체와 없는 개체)와 애벌레 사진을 게재하는 것으로 자세한 설명을 대신하기로 한다. 사진의 날짜는 한 개체를 키워서 관찰한 것이 아니라 여러 곳에서 관찰한 개체를 임의대로 배열한 것이다.

소나무무당벌레로 추정되는 개체 손톱자국이 있다.

소나무무당벌레로 추정되는 개체 손톱자국이 없다.

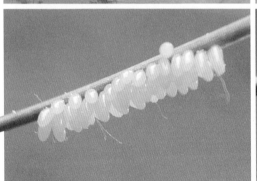

▓ 소나무무당벌레 몸길이는 5~8mm, 1년 내내 보이며 봄에
소나무 주위에서 살다가 차츰 다른 곳으로 이동한다. 11월에
만난 개체. 성충과 애벌레 모두 진딧물을 잡아먹는다.

▓ 소나무무당벌레의 크기를 짐작할 수 있다.

▓ 소나무무당벌레 알(4월 30일)

▓ 소나무무당벌레 애벌레(5월 17일)

▓ 소나무무당벌레 애벌레(6월 4일)

▓ 소나무무당벌레 번데기(11월 4일)

▓ 소나무무당벌레 짝짓기 무당벌레만큼이나 체색이 다양한
소나무무당벌레가 짝짓기를 하고 있다. 이런 형태의 무당벌
레를 소나무무당벌레라고 하는데 이 역시 정확한 동정법은
아닌 것 같다. 참고용으로 올린다.

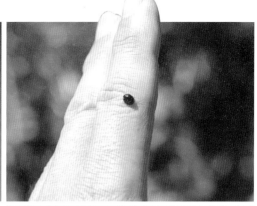

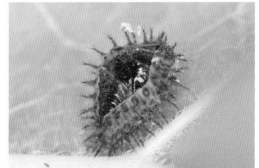

애홍점박이무당벌레 몸길이는 3~4mm다.

애홍점박이무당벌레 손가락 위에 놓으니 까만 점처럼 보인다. 아주 작은 무당벌레다.

애홍점박이무당벌레 몸 전체가 광택이 나는 검은색이며 딱지날개에 붉은색 점 한 쌍이 있다. 성충으로 월동하고 4월부터 활동한다.

애홍점박이무당벌레 나무껍질에 붙어 있는 깍지벌레류를 먹는 육식성이다. 1년 내내 활동해 가을에도 볼 수 있다.

애홍점박이무당벌레 딱지날개 속에 부드러운 속날개가 보인다.

애홍점박이무당벌레 짝짓기

애홍점박이무당벌레 번데기

큰황색가슴무당벌레 여러 마리가 함께 모여 월동하며, 몸길이는 5~7mm다.

큰황색가슴무당벌레 딱지날개에 빨간색 점 2개와 앞가슴등판 양옆에 하얀색 점무늬가 있다. 크기를 짐작할 수 있다.

큰황색가슴무당벌레 애벌레 검은색 몸에 붉은색 무늬가 선명하다.

딱지날개에 하얀색 점무늬가 12개가 있다.

가슴 양쪽에 2~3개의 점무늬만 있다. 4개가 일렬로 있으면 네점가슴무당벌레다.

십이흰점무당벌레

십이흰점무당벌레 몸길이는 3~5mm, 딱지날개에 흰색 점이 1-2-2-1 형태로 배열되어 있다.

십이흰점무당벌레 성충과 애벌레 모두 균류를 먹고 산다. 크기를 짐작할 수 있다.

십이흰점무당벌레 암컷이 균류를 먹는 동안 짝짓기를 하는 수컷. 그 앞에 또 다른 수컷이 나타났다.

네점가슴무당벌레 앞가슴등판에 흰색 점 4개가 있고 딱지날개
엔 1-2-2-1 형태로 흰색 점이 배열되어 있다. 느티나무와 참나
무류 등에 사는 진딧물을 잡아먹는다.

네점가슴무당벌레와 무당벌레가 나방 애벌레를 먹고 있다.

네점가슴무당벌레 진딧물을 잡아먹으려고 다가가고 있다.

네점가슴무당벌레 몸길이는 4~6mm, 6~8월에 많이 보인다.

네점가슴무당벌레 산란 느티나무 표면에 알을 낳고 있다.

네점가슴무당벌레 알과 애벌레 먹이가 부족하면 먼저 깨어난 애벌레가 아직 부화하지 않은 알을 먹기도 한다.

네점가슴무당벌레가 다른 암컷이 낳은 알을 먹고 있다.

네점가슴무당벌레 누군가가 먹었다.

네점가슴무당벌레 애벌레

네점가슴무당벌레 번데기 허물

딱지날개 위에 하얀색 점 10개가 있다. 뒤쪽에 있는 점 두 개가 안 보이는 상태다.

열흰점박이무당벌레 몸길이는 4~6mm, 전국적으로 분포하며 6~8월에 보인다. 8월 초 불빛에 날아든 개체다. 겹눈 사이에 점 2개가 있다.

열흰점박이무당벌레 겹눈 사이에 두 점이 선명하다. 가끔 점무늬가 없는 개체도 보인다.

열흰점박이무당벌레 점무늬가 없는 노란색형 개체다.

노랑육점박이무당벌레 광택이 나는 검은색 딱지날개 한쪽에 노란색 점이 6개 있다. 몸길이는 4mm 내외로 작은 곤충을 사냥한다.

노랑육점박이무당벌레 성충으로 월동하며 봄부터 활동한다.

긴점무당벌레 딱지날개에 독특하게 생긴 하얀색의 점무늬가 1-3-2-1로 배열되어 있다.

긴점무당벌레 몸길이는 7~8mm다. 나무 밑에서 성충으로 월동한다. 이른 봄부터 볼 수 있다.

1
3
2
1

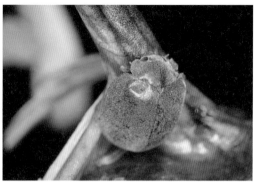

홍테검은무당벌레 딱지날개 가장자리에 홍색 테가 있다.

홍테검은무당벌레 성충으로 월동하며 이른 봄부터 볼 수 있다. 몸길이는 3~4mm다. 머리, 앞가슴등판, 딱지날개, 다리가 부드러운 털로 덮여 있다.

홍테검은무당벌레 겹눈이 크고 더듬이는 짧다.

홍테검은무당벌레 살짝 건드리자 죽은 척한다.

홍테검은무당벌레가 날개를 펴자 홍색 배가 보인다.

- 좁쌀무당벌레 몸길이는 1~2mm. 광택이 나는 검은색 반구형이며 드문드문 연노란색 털이 나 있다. 더듬이도 연노란색이며 약
  간 길다. 생태 정보가 없다. 일본에서는 가루이를 먹는다고 알려졌다.
- 좁쌀무당벌레의 크기를 짐작할 수 있다. 봄에는 뽕나무나 보리수나무에서 보이고 여름에는 칡이나 느티나무에서 보인다. 1년에
  2회 나타나며 성충으로 나무 틈새에서 월동한다.

- 노랑무당벌레 성충으로 월동하며 흰가루병원균을 먹는다고 한다.
- 노랑무당벌레 몸길이는 3~5mm. 광택이 나는 노란색 딱지날개에는 아무런 무늬가 없고 하얀색 앞가슴등판에 검은색 점 2개
  가 있다.
- 노랑무당벌레 짝짓기
- 노랑무당벌레 가을에도 보인다. 탄저병을 옮기는 균류를 잡아먹는 것으로도 알려졌다.
- 노랑무당벌레 노란색이 특이해 다른 무당벌레와 혼동되지 않는다.
- 노랑무당벌레 번데기 애벌레는 나뭇잎에 붙어 있는 흰가루병원균으로 키울 수 있다고 한다.

● 무당벌레붙이과(머리대장상과)

무당벌레붙이과는 무당벌레보다 잎벌레나 거저리와 비슷하게 생겼습니다. 크기가 다양하고 무당벌레보다 더듬이가 훨씬 깁니다. 보통 오래된 나무에서 곰팡이나 버섯 등을 먹고 삽니다.

무당벌레붙이 딱지날개에 독특한 검은색 무늬는 개체마다 차이가 있다. 밤에 불빛에 찾아온다. 크기를 짐작할 수 있다.

무당벌레붙이 썩은 나무 밑에서 성충으로 월동한다. 1년 내내 관찰할 수 있다.

무당벌레붙이 몸길이는 4~5mm, 머리는 검은색이고 앞가슴등판은 적갈색이다. 성충과 애벌레 모두 곰팡이나 버섯, 또는 썩은 채소를 먹는다고 알려졌다. 더듬이 끝 3마디가 굵다.

무당벌레붙이 암컷

무당벌레붙이 암컷 옆면

네점무늬무당벌레붙이 몸길이는 15mm 내외로, 전체적으로 몸이 납작하다.

네점무늬무당벌레붙이 광택이 나는 검은색 딱지날개에 노란색 점이 2쌍 있다. 점무늬의 모양은 개체마다 조금씩 다르다.

네점무늬무당벌레붙이 앞가슴등판 가운데가 볼록하며 가두리는 독특하게 생겼다. 다리의 넓적다리마디만 빨간색이라 화려하게 보인다.

네점무늬무당벌레붙이 더듬이는 동그란 구슬을 이어 붙인 듯하며 끝 3마디가 넓다.

네점무늬무당벌레붙이 성충으로 월동하는 듯 이른 봄부터 보인다. 성충과 애벌레 모두 버섯 등을 먹고 산다.

네점무늬무당벌레붙이가 버섯을 먹고 있다. 검은색이 버섯이다. 최근에 국명을 붙인 곤충으로 검은색과 노란색, 빨간색이 어우러져 아주 화려하다.

네점무늬무당벌레붙이 성충과 애벌레의 크기를 짐작할 수 있다.

보라거저리

네점무늬무당벌레붙이 애벌레

네점무늬무당벌레붙이 성충

보라거저리와 함께 있는
네점무늬무당벌레붙이 성충과 애벌레

254

방귀무당벌레붙이 말불버섯류에서 짝짓기를 하고 알도 낳는다. 애벌레로 월동하며 애벌레는 버섯 속에서 자란다. 여름과 가을 사이에 성충이 된다.

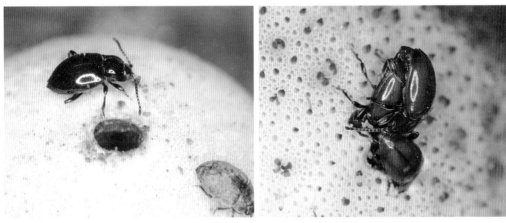

방귀무당벌레붙이(검은색형) 검은색형과 적갈색형이 있는 것 같다.

방귀무당벌레붙이(적갈색형) 버섯을 먹으며 짝짓기를 하고 있다.

■■■ 방귀무당벌레붙이 적갈색형
■■■ 방귀무당벌레붙이 자극을 받으면 고약한 냄새가 나는 방어물질을 내는데 '방귀'는 이 때문에 붙인 이름이다.
■■■ 방귀무당벌레붙이 짝짓기 후 암컷은 말불버섯류 껍질에 알을 낳는다. 알에서 깨어난 애벌레는 버섯 속으로 파고 들어가 그곳
　　　에서 성충이 될 때까지 지낸다. 앞가슴등판 가운데가 볼록하며 가장자리는 독특하게 생겼다. 더듬이는 염주처럼 생겼다.

● 머리대장과(머리대장상과)

머리대장이라는 이름답게 머리가 크며, 몸이 길고 납작합니다. 주로 오래된

나무의 껍질 속에서 생활하는 종이 많으며 일부는 저장된 곡식에 모여 살기

도 합니다.

■■■ 머리대장 몸길이는 10~15mm, 4~8월에 보인다. 몸이 매우 납작하다. 나무껍질 속이나 틈새에서 살기 알맞은 몸이다.
■■■ 머리대장의 크기를 짐작할 수 있다. 주홍머리대장이라고 잘못 알려지기도 했다. 주홍머리대장은 몸이 검은색이고 날개만 붉
　　　은색이다.
■■■ 머리대장 머리가 앞가슴등판보다 넓어서 '머리대장'이라는 이름을 붙였다. 성충으로 월동하는 듯하다. 이른 봄에 나무껍질 속
　　　에서 성충이 보인다.

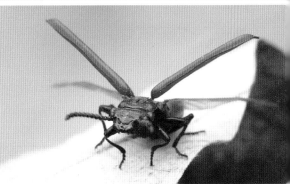

■ 머리대장 배 아랫면은 검은빛이 난다.

■ 머리대장이 날기 위해 딱지날개와 속날개를 펴고 있다.

■ 머리대장 나무껍질 속에서 살아서인지 기생성 응애가 배 윗면에 잔뜩 붙어 있다.

■ 머리대장 비행 준비 장면이다.

넓적머리대장 허리머리대장과로 몸길이는 3~5mm다. 밤에 불빛에 날아온 개체다. 4~10월에 보인다. 전체적으로 적갈색을 띠지만 딱지날개에만 밝은 황색의 길쭉한 무늬가 있다. 제주도를 제외한 전국에 분포한다.

● 버섯벌레과(머리대장상과)

버섯벌레과에 속하는 곤충은 크게 버섯을 먹거나 낙엽이나 썩은 나무를 먹습니다. 나무껍질 속이나 모래 밑 등에서 삽니다. 보통 더듬이 끝 3마디가 굵어서 곤봉처럼 보입니다.

왕버섯벌레류 구별

형태만으로 구별하기에는 어려움이 있다.

다음의 표를 참조하여 참고용으로 사진들을 올린다. 다음의 표는 여러 도감과 인터넷 자료 등을 종합해서 정리했지만 정확하지 않을 수도 있다.

노랑줄왕버섯벌레	딱지날개 무늬가 연한 노란색이다.
모라윗왕버섯벌레	딱지날개의 띠가 선홍색이며 털이 없다. 겹눈 사이 간격이 겹눈 지름의 3.5배 정도이고, 다른 왕버섯벌레류는 2배 정도다. 배 윗면이 고오람왕버섯벌레보다 더 솟은 느낌이다.
털보왕버섯벌레	딱지날개의 띠가 선홍색이다. 겹눈 사이의 간격이 2배 정도다. 겹눈이 튀어나왔다. 배 부분에 짧은 털이 있다. 양쪽 딱지날개 아랫부분의 무늬 가운데 튀어나온 부분을 서로 연결하면 일직선이다.
고오람왕버섯벌레	딱지날개의 띠가 선홍색이다. 양쪽 딱지날개 아랫부분에 있는 무늬 가운데 튀어나온 부분을 서로 연결하면 일직선이 아니다.

노랑줄왕버섯벌레 딱지날개에 연한 노란색 줄무늬가 있다. 몸길이는 13~15mm다.

노랑줄왕버섯벌레 성충과 애벌레 모두 죽은 나무에서 자라는 버섯을 먹는다.

노랑줄왕버섯벌레 더듬이는 염주처럼 생겼으며 끝 3마디가 굵어 붓처럼 보인다.

모라윗왕버섯벌레 겹눈 사이의 간격이 겹눈 지름의 3.5배 정도로 넓다.

모라윗왕버섯벌레 여러 마리가 모여 버섯을 먹고 있다.

모라윗왕버섯벌레 몸길이는 11~14mm다.

모라윗왕버섯벌레 7월에서 이듬해 5월까지 관찰되며 여러 마리가 모여 겨울을 난다.

모라윗왕버섯벌레 버섯에서 생활하는 버섯벌레답게 짝짓기도 버섯에서 이루어진다.

털보왕버섯벌레 몸길이는 9~13mm. 딱지날개에 짧은 털이 빽빽하다.

털보왕버섯벌레 5월부터 이듬해 3월에 관찰되며 나무에 핀 버섯이나 균류에서 관찰된다.

털보왕버섯벌레 겹눈이 많이 튀어나왔다.

털보왕버섯벌레 애벌레 성충처럼 버섯류를 먹고 산다.

고오람왕버섯벌레 몸길이는 11~15mm. 봄부터 가을까지 버섯이나 나무껍질 속에서 보인다. 겹눈 사이의 간격이 겹눈 지름의 2배 정도. 딱지날개 뒤에 있는 주황색 무늬의 뾰족한 부분을 연결하면 일직선이 아니다.

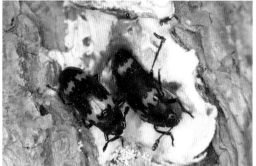

고오람왕버섯벌레 성충으로 무리 지어 월동한다.

톱니무늬버섯벌레 몸길이는 5~7mm. 검은빛 광택이 있는 딱
지날개에 주황색 톱니 무늬가 선명하다.

톱니무늬버섯벌레 더듬이는 11마디에 염주 모양이며 끝 3마디가
부풀어 곤봉처럼 보인다.

톱니무늬버섯벌레 3월에서 11월까지 볼 수 있다. 여러 마리가 모여 버섯을 먹고 있다. 겨울을 날 때에도 성충 여러 마리가 함께한
다. 전국적으로 분포하며 버섯을 먹고 산다.

톱니무늬버섯벌레 금강산거저리와 비슷하게 생겼지만 더듬이
가 다르다. 금강산거저리의 더듬이는 염주 모양으로 위아래의
굵기가 비슷하다.

톱니무늬버섯벌레 버섯 갓 표면에서도 보인다. 5월에 만난 개
체다.

제주붉은줄버섯벌레 몸길이는 5~6mm, 제주도뿐만 아니라 중부지방에서도 보인다.

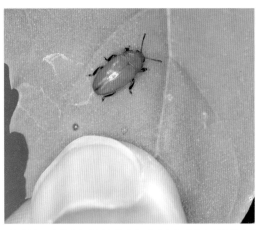

제주붉은줄버섯벌레 앞가슴등판과 딱지날개 전체가 주홍색이며 다리는 흑갈색이다. 크기를 짐작할 수 있다.

제주붉은줄버섯벌레 가을쯤 땅속에서 번데기가 되어 이듬해 가을까지 번데기 상태로 지낸다.

버섯을 먹고 있는 제주붉은줄버섯벌레

제주붉은줄버섯벌레 짝짓기

쌍점둥근버섯벌레 몸길이는 5mm 정도다. 딱지날개에 커다란 주홍색 무늬가 한 쌍 있다. 무당벌레와 비슷하게 생겼지만 더듬이가 다르다. 끝 3마디가 부풀어 곤봉처럼 보인다.

쌍점둥근버섯벌레 성충으로 월동하는 듯하다. 이른 봄부터 볼 수 있다.

쌍점둥근버섯벌레 버섯 위에서 만났다. 다양한 버섯을 먹는 듯하다.

쌍점둥근버섯벌레 짝짓기도 버섯에서 이루어진다. 4월 30일에 만난 개체다.

세줄가슴버섯벌레 몸길이는 5mm 내외다. 더듬이는 곤봉 모양이며 광택이 나는 딱지날개에 주황색 띠무늬가 3줄 또는 2줄 있다.

세줄가슴버섯벌레 버섯에서 짝짓기를 한다. 주로 시루뻔버섯류에 모인다고 알려졌다. 7월에 관찰했다.

세줄가슴버섯벌레 딱지날개에 줄무늬가 2개인 개체로 7월에 만났다.

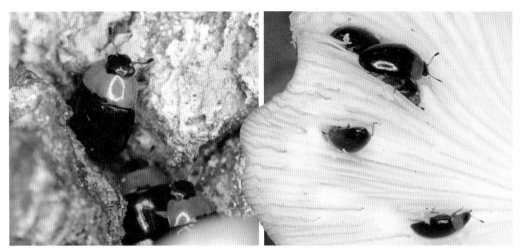

느타리버섯벌레 몸길이는 3mm 내외로 느타리버섯을 먹고 산다. 머리와 딱지날개는 광택이 나는 검은색이며 앞가슴등판은 황갈색이다.

느타리버섯벌레 6월경 느타리버섯류에서 보인다.

느타리버섯벌레 여러 마리가 모여 버섯을 먹고 있다. 여기서 짝짓기도 이루어진다.

노랑테가는버섯벌레 몸길이는 2~3mm다. 덕다리버섯, 표고
등 다양한 버섯을 먹는다. 5월에 만난 개체다.

노랑테가는버섯벌레 버섯 속에서 애벌레로 20일, 번데기로 대략
7일이 지나면 성충이 된다. 자료에 따르면, 바로 움직이지 않고 5
일 정도 몸을 말리고 나서 활동한다.

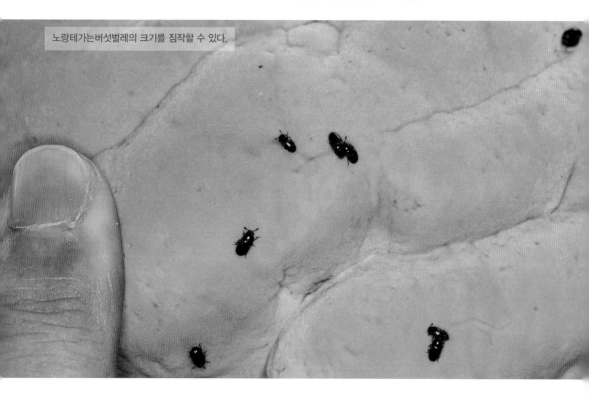

노랑테가는버섯벌레의 크기를 짐작할 수 있다.

방아벌레붙이아과(머리대장상과 버섯벌레과)

이름을 보면 방아벌레와 비슷할 것 같지만 방아벌레와는 달리 앞가슴등판 뒤쪽에 지렛대 같은 돌기가 없습니다. 방아벌레는 방아벌레상과 방아벌레과에 속합니다. 이전에는 방아벌레붙이과를 따로 분류했지만 최근에는 버섯벌레과의 방아벌레붙이아과로 바뀌었습니다.

　몸은 길쭉하게 생겼고 버섯벌레처럼 11개의 마디로 이루어진 더듬이 끝 3~6마디가 부풀어 있습니다. 머리 뒤쪽에 발음줄판이 있어 머리와 앞가슴 그리고 딱지날개를 비벼서 소리를 냅니다.

석점박이방아벌레붙이 몸길이는 9~15mm, 가슴은 주황색이며 검은색 점 3개가 있다.

석점박이방아벌레붙이 더듬이는 검은색이며 끝 4마디가 부풀어 있다.

석점박이방아벌레붙이 광택이 나는 남색 딱지날개를 열자 주황색 배가 보인다.

석점박이방아벌레붙이 알려진 생태 정보가 없다. 5월에 딱총나무에서 주로 보인다. 딱총나무에서 짝짓기를 하고 있다.

석점박이방아벌레붙이 짝짓기 1년에 1회 나타나며 주로 5월에 보인다.

끝검은방아벌레붙이 몸길이는 10~12mm, 딱지날개는 광택이 나는 적갈색으로 끝이 검다. 앞가슴등판이 종처럼 생겼고 뒤쪽 가운데에 주름이 있다. 딱지날개와 마찰을 일으켜 소리를 낸다.

끝검은방아벌레붙이 생태 정보가 없다. 주로 8~9월에 보인다. 9월 초에 만난 개체다.

● 나무쑤시기과(머리대장상과)

몸이 납작하며 주로 나무껍질 사이에서 보입니다. 나무를 쑤시고 다닌다고
해서 붙인 이름입니다. 광택이 나는 딱지날개에 점 4개가 선명하고, 애벌레
와 성충 모두 나무 수액에 모여드는 곤충을 잡아먹습니다.

고려나무쑤시기 몸길이는 12~16mm다. 딱지날개에 노란색 점
이 두 쌍이 두드러져 보인다.

고려나무쑤시기 4~10월에 보인다.

고려나무쑤시기 몸이 납작해 나무 틈새에 잘 숨는다. 애벌레는
수액을 먹거나 작은 곤충을 잡아먹으면서 나무 구멍 속에서 산
다. 6월쯤 번데기가 되고 7~8월쯤 성충이 되어 활동하다가 그
상태로 월동한다.

고려나무쑤시기 성충은 수액에 자주 모여 수액을 먹거나 수액에
모이는 작은 곤충을 잡아먹는 것으로 보인다.

● 밑빠진벌레과(머리대장상과)

날개가 짧아 꽁무니가 빠진 것처럼 보여 이름 붙인 밑빠진벌레과는 전 세계 172속 2,800여 종이 분포합니다. 가까운 일본에는 160종이 기록되어 있으며 국내에는 60여 종이 보고되고 있습니다. 썩은 유기물과 버섯 등을 먹고 사는 대표적인 무리입니다. 몇몇 종은 꽃에서 살아가기도 하지만 주된 서식처는 썩은 과일, 식물의 즙이 있는 곳, 버섯 등에 산다고 알려졌습니다.

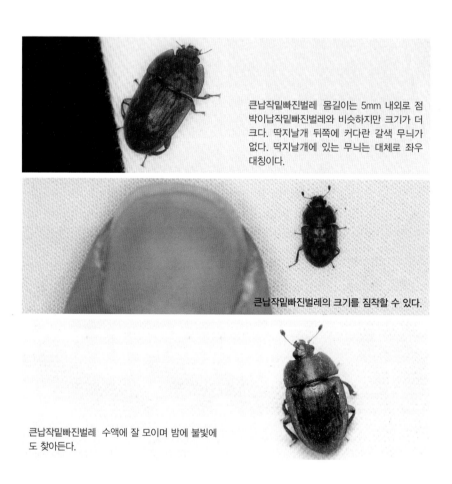

큰납작밑빠진벌레 몸길이는 5mm 내외로 점박이납작밑빠진벌레와 비슷하지만 크기가 더 크다. 딱지날개 뒤쪽에 커다란 갈색 무늬가 없다. 딱지날개에 있는 무늬는 대체로 좌우 대칭이다.

큰납작밑빠진벌레의 크기를 짐작할 수 있다.

큰납작밑빠진벌레 수액에 잘 모이며 밤에 불빛에도 찾아든다.

점박이납작밑빠진벌레 몸길이는 3~4mm, 딱지날개에 점무늬가 많다. 밤에 불빛에도 잘 찾아든다.

점박이납작밑빠진벌레의 크기를 짐작할 수 있다.

점박이납작밑빠진벌레 나무 수액을 즐겨 찾고, 버섯, 음식물 등에도 많이 보인다.

점박이납작밑빠진벌레 짝짓기 6월에 관찰한 모습이다.

점박이납작밑빠진벌레 더듬이 끝이 부풀었고, 몸 전체에 부드러운 털이 덮여 있다. 딱지날개 뒤쪽에 커다란 갈색 무늬가 나타나지만 개체마다 차이가 있다.

알락납작밑빠진벌레 몸길이는 3~4mm, 앞가슴등판과 딱지날개에 갈색과 검은색 무늬가 얼룩져 있다.

알락납작밑빠진벌레 나무 수액이나 버섯 등에 모이며 성충으로 월동한다.

큰검정납작밑빠진벌레 몸길이는 6~9mm, 머리와 앞가슴등판에 점각이 많고 딱지날개에 세로줄이 뚜렷하다.

납작밑빠진벌레류 몸길이는 4mm 내외로 미기록종으로 추정된다.

왕검정넓적밑빠진벌레 몸길이는 5mm 내외, 크기가 좀 크고 무늬가 없이 매끈한 느낌이다. 5월에 만난 개체다.

네눈박이밑빠진벌레 몸길이는 7~14mm, 딱지날개에 독특한 모양의 주황색 무늬가 4개 있다.

네눈박이밑빠진벌레 나무 수액에서 자주 보인다. 5~10월까지 보이며 큰턱이 강하고 크다.

네눈박이밑빠진벌레 더듬이 끝이 둥글게 부풀어 있다. 수컷의 큰턱은 나뭇가지 모양이다. 밤에 불빛에도 잘 찾아든다.

네눈박이밑빠진벌레와 탈무늬밑빠진벌레가 수액을 먹고 있다.

■▫ **탈무늬밑빠진벌레** 딱지날개에 노란색 점 4개가 있다.
네눈박이밑빠진벌레보다 크기가 작다. 이름이 독특하다. 얼굴에 쓰는 '탈'이 아니라
'빠진'이라는 뜻의 '탈'로, 네눈박이밑빠진벌레나 네무늬밑빠진벌레처럼 불꽃 같은 화려한 무늬가 빠져 무늬가 수수하다는 뜻이
아닐까 한다.

■▫ **탈무늬밑빠진벌레** 나무 수액에 잘 모인다. 애사슴벌레 수컷과 비교해보면 크기를 짐작할 수 있다.
여름밤에 수액이 흐르는 나무에서 볼 수 있다.

네무늬밑빠진벌레 네눈박이밑빠진벌레와 비슷하지만 딱지날개에 있는 주황색 무늬가 다르다. 여름에 자주 보이며 밤에 불빛에도
잘 찾아든다.

■▫ **둥글납작밑빠진벌레** 몸 전체에 부드러운 털이 덮여 있으며 딱지날개에 무늬가 발달하지 않았다.
■▫ **둥글납작밑빠진벌레** 수액을 잔뜩 뒤집어쓴 모습이다.

● 가는납작벌레과(머리대장상과)

긴수염머리대장 5월 말 계곡 근처에서 만났다. 매우 빠르게 돌아다니고 있었다.

긴수염머리대장의 크기를 짐작할 수 있다.

● 긴썩덩벌레과(거저리상과)

긴썩덩벌레과의 곤충 가운데 대왕긴썩덩벌레와 청긴썩덩벌레는 우리 주변에서 가끔 보이지만 이름 불러주기가 만만치 않습니다. 둘이 워낙 비슷하게 생겨서입니다. 차이점은 딱지날개에 있는 세로줄(융기선)입니다. 높고 낮은 세로줄이 번갈아 나타나면 대왕긴썩덩벌레, 일정하게 나타나면 청긴썩덩벌레입니다. 긴썩덩벌레들은 버섯 등을 먹는 균식성과 풀을 먹는 초식성으로 크게 나눕니다.

청긴썩덩벌레 몸길이는 11~12mm, 대왕긴썩덩벌레보다 딱지날개에 청람색이 선명하다.

청긴썩덩벌레 딱지날개 세로줄(융기선)이 일정하다.

청긴썩덩벌레 앞가슴등판이 오각형으로 생겼으며 독특한 주름이 있다. 버섯에서 보이는 것으로 보아 균식성이다.

청긴썩덩벌레 앞가슴등판 가운데가 볼록하다. 5월에 많은 개체가 관찰된다.

꼬마긴썩덩벌레 앞가슴등판이 동그랗고 작은 돌기들이 있다.

꼬마긴썩덩벌레 딱지날개에 간격이 넓은 세로줄이 나타난다. 다리는 넓적다리마디까지는 몸과 색이 같지만 그 아래로는 연한 노란빛을 띤다. 6~7월에 주로 보인다.

꼬마긴썩덩벌레 나무 데크, 나무껍질, 벌채목 등에서 보인다.

두쌍무늬긴썩덩벌레 주홍무늬긴썩덩벌레와 비슷하게 생겼지만, 딱지날개에 세로줄이 있고 더듬이 색깔이 다르다.

두쌍무늬긴썩덩벌레 몸길이는 11mm 정도다. 5월에 만난 개체다. 딱지날개에 주황색 무늬가 2쌍 있다.

● 가뢰과(거저리상과)

가뢰과 곤충은 몸이 약해 보이며 머리의 크기에 비해 눈이 작습니다. 더듬이
는 11마디로 이루어져 있습니다. 자극을 받으면 다리의 관절에서 '칸타리딘'
이라는 유독성 물질을 내뿜는데 피부에 닿으면 물집이 생깁니다. 성충은 식물
의 잎을 먹지만 애벌레는 뒤영벌류나 메뚜기류에 기생생활을 합니다. 과변태
(완전변태를 하는 곤충 가운데 일부가 유충 · 번데기 · 성충의 세 단계에서 초기 유충幼
虫과 후기 유충의 기본 체제에 변화가 일어나는 현상) 곤충으로 대부분의 곤충보다
변태가 복잡합니다.

   가뢰과의 암컷은 땅속에 수천 개의 알을 낳습니다. 알에서 깨어난 애벌레
는 다리가 있어 기어서 식물 위로 올라가는 종이 있는가 하면, 일부 종은 메
뚜기 종류를 찾아 이동합니다. 둘 다 기생생활을 하기 위해서입니다.

   식물에 올라간 가뢰과 애벌레는 꽃을 찾아오는 꽃벌, 가위벌, 뒤영벌처럼
털이 많은 벌의 몸에 매달려 벌집으로 이동합니다. 가뢰과 애벌레는 발톱이
3개라서 거의 떨어지지 않습니다. 벌집에 도착한 가뢰과 애벌레는 그곳에서
먹이를 먹으며 성장합니다. 이후 허물을 벗고 다리가 없는 구더기 형태의 애
벌레로 탈바꿈을 합니다. 5령까지 이런 모습으로 지내다가 가짜 번데기(의용)
를 만듭니다. 다시 허물을 두 번 더 벗고 7령 애벌레가 되면 진짜 번데기를
만든 뒤에 성충이 됩니다.

남가뢰 암수 몸길이는 14~30mm, 3~5월에 보인다.

남가뢰 수컷 더듬이 제6,7마디가
고리처럼 휘어 있다.

남가뢰 수컷 휜 더듬이로 짝짓기할 때 암컷의 더듬이를 잡는다.

남가뢰 암컷 성충은 풀을 먹는 초식성이다.

남가뢰 암컷 배가 비정상적으로 보일 정도로 크다.

남가뢰의 딱지날개는 대부분의 딱정벌레 날개와 다르다. 딱지날개가 비대칭으로 벌어져 있다.

남가뢰 짝짓기 위쪽 개체가 암컷이다. 암컷은 노란색 알 5000여 개를 땅속에 낳는다.

남가뢰 머리, 앞가슴등판, 딱지날개에 점각이 많다.

남가뢰 애벌레 주황색과 갈색이 있는데 둘이 같은 종인지 구별하기 어렵다. 기주를 붙잡기 좋게 큰턱과 발톱이 3개 있다.

남가뢰 애벌레 주황색이다.

잎끝에 모여 있는 남가뢰 애벌레들

남가뢰 애벌레가 호랑꽃무지 몸에 달라붙었다. 호랑꽃무지는 생존하기 힘들 것이다.

남가뢰 수컷의 크기를 짐작할 수 있다.

남가뢰 암수 크기 비교

찻길 사고를 당한 남가뢰 암컷의 배 속에 들어 있던 알

애남가뢰 수컷 몸길이는 8~22mm이며, 딱지날개가 배를 완
전히 가리지 않는다.

애남가뢰 수컷 더듬이 가운데가 볼록하게 발달해 암컷과 구별
된다. 남가뢰와 달리 늦은 가을까지 보인다.

애남가뢰 10월에 만난 개체다. 머리와 앞가슴등판, 딱지날개의
점각이 남가뢰와 비교해 작다. 남가뢰보다 매끈한 느낌이다.

애남가뢰 암컷 알로 월동하며 성충은 여러 식물의 잎을 먹는다.
10월 말에 만난 개체다. 자극을 받으면 다리의 관절이나 몸의 다
른 부위에서 칸타리딘을 분비한다. 이 물질이 피부에 닿으면 물집
이 생긴다.

네눈박이가뢰 몸길이는 9~12mm, 산지성으로 성충은 5~6월
에 보인다.

네눈박이가뢰 머리와 앞가슴등판이 검은색이다. 적갈색 딱지날
개에 검은색 점 4개가 있다. 성충은 꽃에 모인다.

황가뢰 몸길이는 10~20mm로 몸은 연한 노란색이다. 더듬이는 검은색이며 가늘고 길다.

황가뢰 가끔 앞가슴등판 앞쪽에 검은색 점무늬가 있는 개체도 보인다.

황가뢰 더듬이 기부는 노란색이다. 다리는 넓적다리마디까지 노란색이고 그 밑으로는 검은색이다.

황가뢰 애벌레는 꽃벌류의 둥지에서 기생생활을 한다. 성충은 꽃에 모인다. 자극을 받으면 넓적다리마디와 종아리마디 사이의 관절에서 노란색 액체를 분비한다.

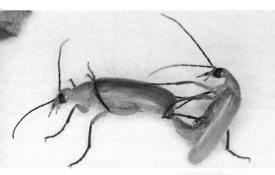

황가뢰 짝짓기 8월에 관찰한 모습이다.

청가뢰 몸길이는 20~40mm, 더듬이 길이는 10~12mm다. 몸색은 푸른빛을 띤 남색이며 금속광택이 난다.

청가뢰의 크기를 짐작할 수 있다.

청가뢰 몸 안에 칸타리딘이라는 독성물질이 있다. 애벌레는 콩, 토마토, 가지 등을 먹지만 성충이 되면 메뚜기 알을 먹는다고 알려졌다.

● 꽃벼룩과(거저리상과)

꽃벼룩은 벼룩과는 다릅니다. 벼룩은 벼룩목의 곤충이고 꽃벼룩은 딱정벌레목의 곤충입니다. 주로 꽃에서 생활하고 벼룩처럼 튀는 습성이 있어 붙인 이름이지요. 위에서 보면 머리와 앞가슴등판이 삼각형처럼 보이고, 딱지날개 밖으로 배 끝이 뾰족하게 보입니다. 머리와 앞가슴등판을 앞으로 구부리고 있는 자세가 특징입니다.

꽃벼룩 몸길이는 3~5mm, 꽃에서 생활하며 벼룩처럼 튀는 습성이 있다.

개망초에 앉아 있는 꽃벼룩 다양한 꽃에서 보인다.

꽃벼룩의 크기를 짐작할 수 있다.

꽃벼룩 전국적으로 분포하며 5~8월에 많이 보인다. 배 끝마디
가 긴 삼각형으로 뾰쪽하게 딱지날개 밖으로 튀어나왔다. 성충은
여러 꽃에서 꽃가루를 먹는다.

알락광대꽃벼룩 몸길이는 11mm 내외다. 앞가슴등판과 딱지날
개의 하얀색 무늬가 독특하다.

알락광대꽃벼룩 딱지날개는 뒤로 갈수록 좁아지며 배 끝마디가
뾰족하게 밖으로 튀어나왔다. 무늬는 개체마다 차이가 있다.

　　꽃벼룩과에 대한 자료가 부족합니다. 아마도 연구자가 그리 많지 않은 것
같습니다. 자료를 찾아보면 위의 2종 정도만 국명이 정해져 있고 나머지는
미기록종이거나 국명이 없습니다. 여기에서는 꽃벼룩류라는 이름으로 사진
과 관찰 날짜를 표기하는 것으로 설명을 대신합니다.

꽃벼룩류(06. 17.)

꽃벼룩류(06. 25.)

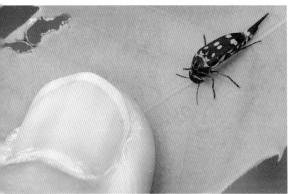

꽃벼룩류(06. 29.)

꽃벼룩류(06. 29.)

꽃벼룩류(07. 04.)

꽃벼룩류(07. 06.)

● 하늘소붙이과(거저리상과)

하늘소와 닮아서 붙인 이름이지만 딱지날개가 하늘소처럼 단단하지 않습니다. 분류군도 다릅니다. 하늘소붙이는 거저리상과에 속하고, 하늘소는 잎벌레상과에 속합니다. 애벌레는 오래된 침엽수의 목질부에서 생활하며 성충은 꽃에 모여들어 꽃가루를 먹습니다. 낮에 주로 활동하지만 밤에 불빛에도 잘 찾아옵니다.

잿빛하늘소붙이 몸길이는 7~12mm, 딱지날개에 회색빛이 돌아 붙인 이름이다.

잿빛하늘소붙이 밤에 해당화에 모여 꽃가루를 먹고 있다.

잿빛하늘소붙이 애벌레는 나무의 목질부에서 생활하고 성충은 꽃가루를 먹는다.

286

밤에 모여서 짝짓기를 하는 잿빛하늘소붙이

잿빛하늘소붙이 딱지날개에 세로줄이 3줄 있다. 앞가슴등판 색은 노란색부터 짙은 갈색, 회색까지 다양하다.

청색하늘소붙이 몸길이는 11~15mm, 딱지날개는 푸른빛을 띤 녹색이나 금빛을 띤 녹색 등 개체마다 차이가 있다.

청색하늘소붙이 앞가슴등판과 배 그리고 다리의 넓적다리마디까지는 황갈색, 넓적다리마디 아래로는 짙은 갈색을 띤다.

청색하늘소붙이 딱지날개에 세로 융기선 3줄이 뚜렷하다. 밤에 불빛에 잘 찾아든다. 애벌레는 목질부를 먹고 성충은 꽃가루를 먹는다.

노랑하늘소붙이 몸길이는 9~12mm다. 애벌레는 목질부를 먹고 성충은 꽃가루를 먹는다. 여름에 많이 보이며 주로 낮에 활동하지만 밤에도 불빛에 잘 모인다.

노랑하늘소붙이 머리와 앞가슴등판. 다리는 검은색이다. 딱지날개는 황갈색으로 부드러운 털로 덮여 있다. 딱지날개에 세로 융기선이 3~4줄 있다. 암컷은 썩은 나무에 알을 낳는다.

큰노랑하늘소붙이 몸길이는 12~16mm다. 노랑하늘소붙이와 비슷하게 생겼지만 머리와 앞가슴등판의 색이 다르다. 크기도 조금 더 크다. 머리, 가슴, 딱지날개는 황갈색 또는 적갈색이며 겹눈은 한쪽이 살짝 들어간 하트 모양이다.

큰노랑하늘소붙이 다리는 몸 색과 비슷하지만 넓적다리마디와 종아리마디에 짙은 갈색 무늬가 보인다.

큰노랑하늘소붙이
딱지날개에 세로 융기선이 나타난다. 애벌레는 목질부를 먹고 성충은 꽃가루를 먹는다.

밑검은하늘소붙이 몸길이는 5~8mm다. 이전에 민가슴하늘소붙이라고 불리던 종으로 밑검은하늘소붙이로 정리되었다.

성충은 봄부터 여러 꽃에서 보인다.

밑검은하늘소붙이가 애기똥풀 꽃에 앉아 있다.

밑검은하늘소붙이 애벌레는 목질부를 먹고 성충은 꽃가루를 먹는다.

밑검은하늘소붙이 몸은 전체적으로 흑청색이며 앞가슴등판에 눌린 듯한 홈이 있다.

밑검은하늘소붙이 딱지날개에 세로 융기선이 뚜렷하다.

아무르하늘소붙이 몸길이는 6~9mm다.

아무르하늘소붙이 보통 앞가슴등판이 황갈색이고 양옆에 검은색 점이 있으나 전체가 흑청색인 개체도 있다. 앞가슴등판에 세 군데가 오목하게 들어갔다. 뒷다리의 넓적다리마디는 알통 다리가 아니다.

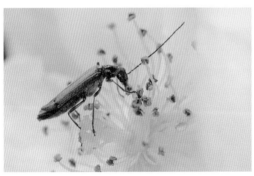

아무르하늘소붙이 애벌레는 나무 속에서 살며 성충은 봄에 여러 꽃에 모여 꽃가루를 먹는다.

아무르하늘소붙이 수컷 날개를 열자 검은색 배가 보인다.

아무르하늘소붙이 짝짓기 암컷은 썩은 나무에 알을 낳는다. 5월에 관찰했다.

시베르스하늘소붙이 수컷 몸길이는 6~8mm, 이전에 큰알통다리하늘소붙이라고 불렸던 종으로 국명이 바뀌었다.

시베르스하늘소붙이 수컷 뒷다리의 넓적다리마디가 알통 다리이다.

시베르스하늘소붙이 수컷 꽃가루를 먹고 있다. 알통 다리가 뚜렷하다.

시베르스하늘소붙이 암컷 뒷다리의 넓적다리마디가 수컷과 달리 알통 다리가 아니다.

시베르스하늘소붙이 암컷 딱지날개 밖으로 불룩한 배가 보인다.

시베르스하늘소붙이 암컷 머리는 검은색이고 앞가슴등판은 황갈색이다. 딱지날개에 세로 융기선이 발달했다. 주로 5월에 많이 보인다.

● 홍날개과(거저리상과)

홍날개는 이름 그대로 날개가 붉은색입니다. 우리나라에는 홍날개가 몇 종 있지만 아직 정확하게 분류되지 않았을뿐더러 생태 정보도 부족합니다. 더듬이는 11마디로 이루어져 있고 머리가 앞으로 돌출되어 있습니다. 애벌레는 나무껍질 속에서 살며 작은 곤충을 사냥합니다.

성충은 이른 봄부터 보이는데 가끔 남가뢰 주변을 어슬렁거리며 남가뢰를 자극하기도 합니다. 남가뢰는 자극을 받으면 관절에서 칸타리딘이라는 독성물질을 뿜어내 다른 곤충이 잘 접근하지 않는 것으로 알려졌습니다.

홍날개는 남가뢰에게서 이 독성물질을 얻으려고 지속적으로 자극합니다. 주로 수컷들이 이런 행동을 하는데 이렇게 얻은 남가뢰의 독은 짝짓기 때 정액과 함께 암컷에게 전달됩니다. 암컷은 이 독을 이용해 알을 다른 천적으로부터 보호하는 데 사용하지요. 신기한 것은 남가뢰의 독이 있는 수컷만 짝짓기에 성공한다고 합니다.

홍날개 몸길이는 7~10mm, 앞가슴등판과 딱지날개가 붉은색이다. 이마 가운데에 붉은색 점이 있다. 이른 봄부터 보이며 특히 3~5월 초에 많이 보인다.

홍날개 수컷 암수 모두 더듬이가 빗살 모양이며, 수컷 더듬이가 더 길다.

홍날개 암컷 빗살 모양의 더듬이가 수컷보다 짧다. 암컷은 나무 껍질 속에 알을 낳는다.

홍날개 날개를 펴자 머리처럼 검은색인 배가 보인다.

홍날개 애벌레 몸이 납작하며 나무껍질 속에서 작은 곤충을 잡아먹는다. 종령 애벌레 상태로 월동하며 2월 중순에 번데기를 만들고 3월 초순에 성충이 된다. 날개돋이를 끝낸 성충은 2일 동안 번데기 방에 머물다가 나와서 짝을 찾아 날아다닌다고 알려졌다.

홍날개 앞가슴등판과 딱지날개에 금빛을 띤 짧은 털이 덮여 있다. 크기를 짐작할 수 있다.

우리나라에 사는 홍날개 종류는 5종입니다. 황머리털홍날개, 홍다리붙이홍날개, 홍다리홍날개, 애홍날개, 홍날개가 그들이지요. 이 가운데 애홍날개는 홍날개일 확률이 높고, 다른 종류의 홍날개는 분류하기가 애매합니다. 정확한 구별점도 없고요.

홍날개는 머리가 검은색, 앞가슴등판은 주홍색이고, 다른 홍날개들은 머리와 앞가슴등판이 모두 검은색입니다. 황머리털홍날개, 홍다리붙이홍날개, 홍다리홍날개가 그렇습니다. 이 셋을 구별하기에는 어려움이 따릅니다. 여기서는 딱지날개에 유난히 털이 많은 개체를 황머리털홍날개(추정)라 하고, 그렇지 않은 개체는 홍다리붙이홍날개(추정)라고 이름 붙이고 간단하게 설명하는 것으로 대신합니다.

암수는 더듬이로 구별합니다. 둘 다 빗살 모양이지만 수컷의 빗살이 더 깁니다.

황머리털홍날개(추정) 암컷 몸길이는 8~12mm, 전체적으로 검은색이며 딱지날개는 주홍색이다. 딱지날개에 부드러운 금빛 털이 덮여 있다.

황머리털홍날개 수컷 암컷보다 더듬이의 빗살이 더 길다. 전국적으로 분포하며 6~8월에 주로 보인다.

황머리털홍날개 수컷이 더듬이를 손질하고 있다. 더듬이는 곤충에게 매우 중요한 기관이므로 틈틈이 손질한다.

홍다리붙이홍날개(추정)

● 목대장과(거저리상과)

목대장은 몸이 가늘고 길며 머리가 튀어나와 있어 목이 긴 것처럼 보이는 곤충입니다. 더듬이는 11마디로 이루어져 있고 개체마다 몸 색의 차이가 심합니다. 우리나라에 3종이 알려졌는데 대부분 보이는 종은 목대장입니다.

활다리목대장은 더듬이 1~3마디가 짧다고 하고, 긴썩덩목대장은 방아벌레처럼 생겨서 구별됩니다. 그리고 북한에 사는 노랑줄긴목벌레는 아직 남한에서의 기록은 없습니다.

목대장 몸길이는 12~14mm, 5~6월에 자주 보인다.

목대장 머리가 튀어나와 목이 긴 것처럼 보인다.

목대장 몸 색이 다양하다. 꽃이나 풀잎 위에서 자주 보인다.　목대장

목대장　　　　　　　　　　　　　　　　　　　목대장 짝짓기

목대장의 크기를 짐작할 수 있다.

● 거저리과(거저리상과)

거저리과에는 잎벌레붙이아과, 거저리아과, 르위스거저리아과, 호리병거저리아과, 썩덩벌레아과 등이 있습니다. 각각에 속한 종들을 보면 이름 때문에 혼동이 되기도 합니다. 묘향산거저리는 이름은 거저리인데 잎벌레붙이아과에 속하고, 맴돌이거저리는 거저리아과, 극동긴맴돌이거저리는 호리병거저리아과에 속합니다. 거저리과를 모두 정리할 수 없지만 자주 보이는 종들을 중심으로 다음의 표에서 '아과' 단위로 종을 분류하고자 합니다.

'아과'명	'종'명
잎벌레붙이아과	큰남색잎벌레붙이, 중국잎벌레붙이. 털보잎벌레붙이, 눈큰털보잎벌레붙이, 묘향산거저리 등
거저리아과	넓적가시거저리, 거저리, 우묵거저리, 산맴돌이거저리, 맴돌이붙이거저리, 제주거저리, 강변거저리, 모래거저리, 작은모래거저리 등
르위스거저리아과	구슬무당거저리, 르위스거저리, 진주거저리, 금강산거저리 등
호리병거저리아과	보라거저리, 호리병거저리, 우리호리병거저리, 대왕거저리, 극동긴맴돌이거저리, 별거저리 등
썩덩벌레아과	썩덩벌레, 밤빛썩덩벌레, 밤빛사촌썩덩벌레, 노랑썩덩벌레, 콜츠썩덩벌레 등

잎벌레붙이아과(거저리상과 거저리과)

잎벌레와 이름은 비슷하지만 전혀 다른 분류군입니다. 잎벌레는 잎벌레상과 잎벌레과에 속하며 잎벌레붙이는 거저리상과 거저리과에 속합니다.

더듬이와 다리가 가늘고 깁니다. 잎벌레에 비해 연약하게 생겼습니다. 성충과 애벌레 모두 잎, 꽃, 썩은 나무 위에 있다가 식물질을 먹습니다.

큰남색잎벌레붙이 몸길이는 14~19mm, 우리나라 잎벌레붙이 중에서 가장 크다.

큰남색잎벌레붙이 온몸이 부드러운 털로 덮여 있다. 우리나라 고유종으로 성충은 5~9월에 보인다.

큰남색잎벌레붙이의 크기를 짐작할 수 있다.

큰남색잎벌레붙이 애벌레 10월에 만난 개체. 애벌레는 주로 밤나무 잎을 먹으며 애벌레 상태로 월동한다.

큰남색잎벌레붙이 번데기

큰남색잎벌레붙이 갓 날개돋이한 성충은 자신의 허물을 먹는다.

온몸에 털이 많은 잎벌레붙이가 털보잎벌레붙이로 이름이 바뀌면서 털보
잎벌레붙이로 불렸던 종은 중국잎벌레붙이가 되었습니다. 눈큰잎벌레붙이도
눈큰털보잎벌레붙이로 이름이 바뀌었습니다.

중국잎벌레붙이 몸길이는 8~10mm다. 이전에 털보잎벌레붙이
로 불렸던 종이다.

중국잎벌레붙이 딱지날개를 펴고 속날개를 열어 비행을 준비한다.

중국잎벌레붙이 월동체 나무껍질 속에서 성충으로 월동한다.

중국잎벌레붙이 짝짓기 수컷은 더듬이가 길고, 암컷은 수컷보다
짧고 굵다.

중국잎벌레붙이 더듬이는 염주 모양이며 다리는 적갈색이다. 중국잎벌레붙이 아랫면
온몸에 점각이 있다.

중국잎벌레붙이 애벌레는 썩은 나무껍질 속에서 생활한다. 성충
은 꽃이나 나뭇잎에서 보이며 가끔 나무껍질을 갉아 먹기도 한다.

중국잎벌레붙이의 크기를 짐작할 수 있다.

중국잎벌레붙이 여러 마리가 벗겨진 나무껍질에 모여들었다.

- ■■■ 털보잎벌레붙이 몸길이는 6~8mm, 딱지날개에 털이 많다. 이전엔 잎벌레붙이로 불렸다.
- ■■■ 털보잎벌레붙이의 크기를 짐작할 수 있다.
- ■■■ 털보잎벌레붙이 성충은 잎을 갉아 먹으며 살고 애벌레는 나무껍질이나 썩은 부분을 먹고 산다.

- ■■ 눈큰털보잎벌레붙이(눈큰잎벌레붙이) 털보잎벌레붙이보다 겹눈이 더 크고 더듬이 마지막 마디가 길다.
- ■■ 눈큰털보잎벌레붙이가 막 날려고 한다.

- ■■ 묘향산거저리 잎벌레붙이아과로 몸길이는 6~8mm, 몸에 굵은 점이 있어 울퉁불퉁하다.
- ■■ 묘향산거저리 썩은 소나무 속에서 성충으로 월동한다.
- ■■■ 묘향산거저리 더듬이가 구슬을 꿴 것 같다. 앞가슴등판이 독특하게 생겼다. 이름을 보면 북한에 있을 것 같지만 남한 여러 곳에서도 관찰된다.

거저리아과(거저리상과 거저리과)

썩은 나무 주변에서 많이 보이며 다리가 긴 종이 많습니다. 거저리라는 말은 '걷다'에서 유래한 것으로 보입니다. 실제로 이들은 다리가 길어 잘 걷습니다.

넓적가시거저리 몸길이는 4~5mm. 몸에 가시 같은 돌기가 많다. 죽은 참나무류나 아까시나무에서 자라는 버섯에서 주로 관찰된다.

넓적가시거저리의 크기를 짐작할 수 있다. 봄부터 보인다.

넓적가시거저리 앞가슴등판과 딱지날개에 돌기가 흩어져 있다. 더듬이는 구슬 모양이며 위로 갈수록 넓어진다.

우묵거저리 수컷 몸길이는 9∼12mm, 몸은 검은색 또는 적
갈색이다. 앞가슴등판이 들어가서 암수 구별이 된다.

우묵거저리 암컷 수컷과 달리 앞가슴등판이 밋밋하다.

우묵거저리 여러 마리가 한꺼번에 썩은 나무 속에서 성충
으로 월동한다.

우묵거저리 수컷 겨울잠을 자고 있는 개체다.

우묵거저리 수컷이 겨울잠을 자고 있는 곳이 얼었다.

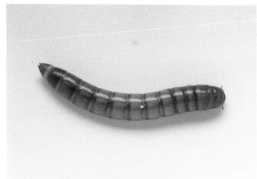

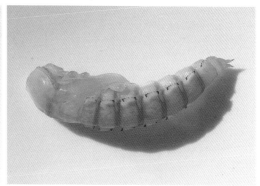

■ 갈색거저리 몸길이는 15mm 내외다. 전 세계적으로 분포하며 애벌레를 밀웜이라고 한다. 고슴도치나 거미 등의 먹이로 파는 밀웜의 성충이다.

■ 갈색거저리 색이 다양하다.

■ 갈색거저리 애벌레 밀웜이라고도 한다.

■ 갈색거저리 번데기

■ 갈색거저리 애벌레는 9~20번의 허물을 벗고 번데기가 된 후 성충으로 날개돋이한다.

■ 갈색거저리 흑색형

■ 갈색거저리 흑색형도 아랫면은 갈색이다.

산맴돌이거저리 몸길이는 15~18mm, 광택이 없는 검은색이다. 광택 유무로 맴돌이거저리와 구별된다. 수컷은 앞다리의 넓적 다리마디에 돌기가 있다.

산맴돌이거저리의 크기를 짐작할 수 있다.

산맴돌이거저리 앞가슴등판은 볼록하고 뒤쪽으로 점점 넓어진 다.

산맴돌이거저리 딱지날개에 세로줄이 뚜렷하지 않다. 전체적으로 볼록하며 뒤로 갈수록 좁아진다. 5~9월에 보인다. 다리가 길다.

산맴돌이거저리 머리 앞쪽에 성긴 금빛 털이 있다.

산맴돌이거저리 더듬이는 구슬을 꿰어놓은 듯 하다.

산맴돌이거저리 몸 아랫면도 검은색 이다.

산맴돌이거저리 암컷은 썩은 나무껍질 밑에 산란관을 꽂고 알을 낳는다.

산맴돌이거저리 애벌레 나무 속에 굴을 파고 분비물과 나무 찌꺼기를 섞어 입구를 막는 습성이 있다.

산맴돌이거저리 애벌레 애벌레로 월동하며 4월에 번데기를 만들고 5월에 성충이 된다. 3월에 관찰한 모습이다.

맴돌이붙이거저리 몸길이는 16~20mm다. 암컷은 광택이 나고 수컷은 광택이 없는 검은색이다. 딱지날개에 세로줄 무늬가 뚜렷하다. 애벌레로 월동하며 5월에 번데기가 되고 6월에 성충이 된다.

맴돌이붙이거저리의 크기를 짐작할 수 있다.

맴돌이붙이거저리 광택이 많이 나는 것으로 보아 암컷이다.

맴돌이붙이거저리 앞다리의 넓적다리마디에 돌기가 있다. 성충은 9월에 많이 보인다.

제주거저리 몸길이는 7~9mm, 몸은 연보랏빛을 띤 검은색이다.
더듬이는 마지막 부분이 납작하며 딱지날개에 세로줄이 뚜렷하다.

제주거저리 앞가슴등판에 파인 홈이 많다.

제주거저리 애벌레는 버섯을 먹고 성충은 밤에도 숲 바닥을 잘
돌아다닌다.

제주거저리 아랫면

강변거저리 몸길이는 10~11mm, 광택이 없는 검은색이며 주로
강변 모래밭 쪽에 자주 보인다. 밤에 불빛에도 잘 찾아든다.

강변거저리 앞가슴등판 어깨가 뾰족하게 튀어나왔고 딱지날개에 세
로줄이 뚜렷하다. 앞가슴등판은 넓적하며 가장자리가 울퉁불퉁하다.

강변거저리의 크기를 짐작할 수 있다.

강변거저리 여러 마리가 같이 모여 성충으로 월동하며 4~8월까지 주로 보인다.

작은모래거저리 몸길이는 5mm 내외다. 이른 봄부터 텃밭이나 돌 밑 등에서 여러 마리가 보인다. 밤에도 잘 돌아다닌다.

작은모래거저리의 크기를 짐작할 수 있다.

작은모래거저리 딱지날개의 돌기가 특징이며 앞가슴등판도 독특하게 생겼다. 성충으로 월동하는 듯하다. 5월에 만난 개체다.

작은모래거저리 짝짓기(04. 04.)

꼬마모래거저리 작은모래거저리와 비슷하지만 딱지날개에 돌기가 없다. 성충으로 월동하는 듯하다. 이른 봄부터 보인다.

꼬마모래거저리 몸길이는 5mm 내외다. 앞가슴등판 양옆이 튀어나왔고 가장자리가 둥글다.

모래거저리 몸길이는 9mm 내외로 바닷가 모래밭이나 강가나 하천 모래밭에 산다.

모래거저리 딱지날개에 세로줄이 있고 간격이 넓으며 가운데가 약간 높다. 여러 마리가 같이 모여 생활한다. 6월에 관찰한 모습이다.

모래거저리 체형이 다른 것으로 보아 암수다. 오른쪽이 암컷이다.

모래거저리 위협을 느끼면 앞다리로 모래를 파고 들어간다.

르위스거저리아과(거저리상과 거저리과)

몸에 화려한 색깔과 무늬가 있는 종이 많습니다.

구슬무당거저리 몸길이는 10mm 내외다. 전체적으로 보랏빛을 띤 검은색이며 금속광택이 난다.

구슬무당거저리 더듬이 제1~3마디는 구슬 모양이고 제4~11마디는 톱날 모양이다.

구슬무당거저리 딱지날개가 앞가슴등판보다 넓으며 세로줄이 뚜렷하다.

구슬무당거저리 4~10월에 보이며 주로 죽은 나무의 버섯이나 참나무류 수액에 모인다. 성충으로 월동한다.

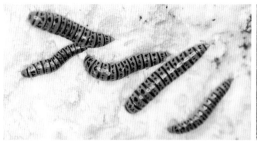

구슬무당거저리 애벌레 버섯에서 많이 보인다.

구슬무당거저리 5월경 짝짓기를 한다.

구슬무당거저리 업는 자세에서 시간이 지나면 서로 반대쪽을
바라보는 자세를 취한다.

구슬무당거저리와 진주거저리류 불빛을 받으면 색이 더 화려해
보인다. 5월 말에 관찰한 모습이다.

금강산거저리

진주거저리류

구슬무당거저리

다양한 거저리들 구슬무당거저리의 크기를 짐작할 수 있다.

르위스거저리 몸길이는 6~7mm, 전체적으로 검은색이고 붉은색 무늬가 뚜렷하고 광택이 강하다. 몸은 반구형에 가까운 타원형이며 바가지를 엎어놓은 것처럼 볼록하다. 성충으로 겨울을 난다. 덕다리버섯을 열심히 먹고 있다. 주로 죽은 나무에 핀 버섯에서 발견된다.

르위스거저리 5~9월에 보이고 주로 버섯에서 관찰된다. 르위스는 발견자의 이름으로 우리나라에서 국명을 지을 때 학명에서 따와 붙인 이름이다. 외래종이 아닌 우리나라 토종 곤충이다.

르위스거저리 버섯 속에서 애벌레로 40일 정도 지내며 세 번 허물을 벗는다고 알려졌다. 덕다리버섯, 명아주개떡버섯 등에서 자주 보인다.

금강산거저리 몸길이는 7~9mm, 딱지날개 앞쪽에 주황색 불꽃무늬가 있다. 전국적으로 분포하며 북한과 일본(대마도)에도 서식한다고 알려졌다.

금강산거저리 버섯이나 나무 수액에 모인다. 딱지날개 뒤쪽에 주황색 점무늬가 한 쌍 있다.

금강산거저리 5~9월에 주로 보이며 밤에도 잘 보인다.

금강산거저리 여러 마리가 모여 성충으로 월동하며 수액에도
많이 모여든다.

금강산거저리 두 마리가 보인다. 암수는 체형이 다르며, 왼쪽이
암컷이다.

금강산거저리 체색 변이종으로 보인다. 4월에 만난 개체다.

금강산거저리의 크기를 짐작할 수 있다.

우리나라 진주거저리속은 모두 9종으로 볼록진주거저리, 진주거저리, 극동진주거저리, 멋진주거저리, 나도진주거저리, 서울진주거저리, 산진주거저리, 우리진주거저리, 흑진주거저리가 있습니다. 하지만 생김새가 비슷해 구별하기가 어렵습니다. 생김새뿐만 아니라 이름도 비슷비슷합니다. 산에 가면 진주거저리 종류로 보이는 거저리들이 많은데 정확하게 이름을 불러줄 수가 없습니다.

대부분 달걀 모양이며 광택이 납니다. 그리고 수컷 이마에 뿔이 한 쌍 있고, 없는 종도 있다고 합니다. 여기서는 진주거저리 종류로 추정되는 개체들의 사진을 소개하고 간단하게 설명하는 것으로 대신합니다.

진주거저리 종류 몸은 광택이 나는 검은색이며 세로줄이 뚜렷하다.

진주거저리 종류 몸이 적갈색을 띤다.

진주거저리 종류 앞가슴등판과 딱지날개에 점각이 발달했다.

진주거저리 종류들이 모여 버섯을 먹고 있다.

호리병거저리아과(거저리상과 거저리과)

대부분 몸이 호리병처럼 생겨서 붙인 이름입니다.

보라거저리 몸길이는 15~16mm다. 전체적으로 보랏빛을 띤 검은색이다. 보랏빛이 잘 안 보이는 개체도 많다.

보라거저리 3~9월에 볼 수 있으며 밤에 활동한다.

보라거저리 몸은 길쭉하며 딱지날개에 선명한 세로줄이 있다. 앞가슴등판에 점각이 많다.

보라거저리 더듬이는 염주 모양이며 6번째 더듬이 마디부터 약간 커진다.

보라거저리 각 다리의 넓적다리마디가 알통 다리처럼 발달했다.

보라거저리 전국적으로 분포하며 낮에도 나무껍질 사이에서 가끔 보인다.

호리병거저리아과 가운데 호리병거저리와 우리호리병거저리의 구별이 힘
듭니다. 보통 앞다리의 넓적다리마디에 있는 돌기로 구별하는데 이 돌기가 사
다리꼴 모양이면 우리호리병거저리, 둥근 모양이면 호리병거저리라고 합니다.
　하지만 이 모양도 개체마다 다르고 자세에 따라 다르게 보이기도 합니다.
여기에서는 둘을 구분하지 않고 호리병거저리라고 부르기로 합니다.

호리병거저리　앞다리 종아리마디의 돌기가 사다리꼴 모양이라 '우
리호리병거저리'라고도 하는데 여기서는 둘을 구분하지 않고 호리
병거저리로 부른다. 각 다리의 넓적다리마디가 알통처럼 발달했다.

호리병거저리　몸길이는 12~14mm. 몸이 전체적으로 호리병 모
양이다.

호리병거저리　버섯에서 종종 보인다.

호리병거저리　애벌레는 썩은 나무 속이나 땅속에서 살며, 성충은
숲 바닥이나 풀밭 등에서 보인다.

호리병거저리 딱지날개에 세로줄이 뚜렷하고, 앞가슴등판에 점각이 많다.

호리병거저리 짝짓기 4월에 관찰한 모습이다.

극동긴맴돌이거저리 몸길이는 17mm 내외다. 몸은 길쭉한 편이며 검은색 광택이 있다.

극동긴맴돌이거저리 딱지날개에 세로줄이 뚜렷하다.

극동긴맴돌이거저리 앞가슴등판에 점각이 많으며 더듬이는 염주 모양인데, 제3, 4마디가 다른 마디에 비해 길다. 특히 세 번째 마디가 길다.

극동긴맴돌이거저리 애벌레로 월동한다. 야행성이며 주로 나무에 붙어 있는 게 관찰된다. 6~10월까지 자주 보인다.

극동긴맴돌이거저리 밤에 버섯을 먹고 있는 모습도 종종 보인다.

극동긴맴돌이거저리의 크기를 짐작할 수 있다. 긴맴돌이거저리와 구별이 어렵다. 여기서는 극동긴맴돌이거저리로 이름표를 달지만 이 중에 긴맴돌이거저리가 있을 수도 있다.

극동긴맴돌이거저리 짝짓기 7월과 9월에 관찰했다.

극동긴맴돌이거저리 산란

별거저리 몸길이는 8~12mm다. 몸이 가늘고 길며 다리도 길쭉하다.

별거저리 딱지날개에 세로 홈이 깊게 파여 있다.

별거저리 성충은 죽은 활엽수에서 자주 보이고 불빛에도 찾아든다. 한여름에 자주 보인다.

썩덩벌레아과(거저리상과 거저리과)

몸이 가늘고 발톱 생김새가 빗살 모양입니다. 썩은 나무의 껍질 속에서 주로 보이며 꽃이나 잎에서도 보입니다. 애벌레는 오래된 나무의 목질부를 먹고 성충은 꽃가루를 먹습니다.

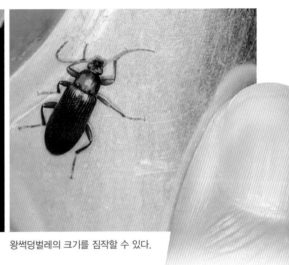

왕썩덩벌레 몸길이는 14~16mm다. 성충으로 월동하며 봄부터 볼 수 있다. 밤에 많이 보이나 낮에도 잎 위에서 쉬는 것이 보인다.

왕썩덩벌레의 크기를 짐작할 수 있다.

왕썩덩벌레 겹눈은 크고 검은색이다. 앞머리 부분, 더듬이, 다리는 적갈색이다.

왕썩덩벌레 다리는 가늘고 길며 딱지날개에 세로줄이 10줄 있다. 머리와 앞가슴등판에 점각이 조밀하게 찍혀 있다. 온몸이 부드러운 황갈색 털로 덮여 있다.

노랑썩덩벌레 몸길이 11mm 정도다. 몸이 연한 노란색을 띤다.

노랑썩덩벌레의 크기를 짐작할 수 있다. 딱지날개에 세로줄이 10줄 있고 다리의 넓적다리마디 끝은 검은색이다.

노랑썩덩벌레 딱지날개는 단단하지 않고 부드러운 편이다. 검은색의 겹눈은 콩팥 모양이다. 초원지대에 서식한다. 애벌레로 월동하며 성충은 5~6월에 보인다.

노랑썩덩벌레 애벌레는 썩은 식물성 먹이를 먹고 성충은 주로 꽃가루를 먹는다.

콜츠썩덩벌레 몸길이가 15mm 내외다. 노랑썩덩벌레와 비슷하지만 부분적으로 색이 다르다. 앞가슴등판은 연한 연두색이며 딱지날개는 검은빛을 띤 연두색이다. 다리는 종아리마디 아래부터 검은색이다.

콜츠썩덩벌레 6월에 만난 개체다.

밤빛사촌썩덩벌레와 밤빛썩덩벌레는 비슷하게 생겨서 구별하기가 어렵습니다. 두 종을 나란히 놓고 비교하면 어떨지 모르지만, 각각의 사진만으로는 구별하기가 어렵습니다.

차이점은 더듬이의 굵기와 배의 폭입니다. 밤빛사촌썩덩벌레가 더듬이가 더 가늘고 배의 폭이 넓습니다. 두 종 모두 몸길이는 7~8밀리미터입니다.

여기에서는 더듬이가 가늘고 배의 폭이 넓어 모두 밤빛사촌썩덩벌레로 표기합니다. 물론 밤빛썩덩벌레일 가능성도 있습니다.

밤빛사촌썩덩벌레 짝짓기 7월 3일에 관찰한 모습이다.

밤빛사촌썩덩벌레 몸길이는 7~8mm, 배의 폭이 넓으며 더듬이는 가늘고 길다.

밤빛사촌썩덩벌레 낮에 본 개체다. 느낌이 좀 다르지만 일단 밤빛사촌썩덩벌레로 올린다.

밤빛사촌썩덩벌레 주로 6~8월 밤에 많이 보인다. 몸이 부드러운 황갈색 털로 덮여 있다.

● 하늘소과(잎벌레상과)

더듬이가 매우 길며, 몸의 무늬와 색이 아름다운 종이 많습니다. 크기와 종류도 다양합니다. 원통형으로 생긴 애벌레는 대부분 나무 속에서 목질부를 먹고 살며, 성충은 어린 가지의 껍질이나 잎, 꽃가루 등을 먹습니다. 호랑하늘소처럼 말벌을 의태하는 종도 있습니다. 우리나라에 사는 하늘소는 7아과에 총 360여 종이 사는 것으로 알려졌습니다.

과명	아과명	족명	대표 종
하늘소과	깔따구하늘소아과	깔따구하늘소족	깔따구하늘소
	톱하늘소아과	장수하늘소족	장수하늘소
		톱하늘소족	톱하늘소
		반날개하늘소족	반날개하늘소
		사슴하늘소족	사슴하늘소
		버들하늘소족	버들하늘소
	꽃하늘소아과	검정홀쭉꽃하늘소족	검정홀쭉꽃하늘소
		곰보꽃하늘소족	곰보꽃하늘소
		소나무하늘소족	소나무하늘소, 넓은어깨하늘소, 봄산하늘소, 청동하늘소, 따색하늘소, 넉점각시하늘소, 노랑각시하늘소, 산각시하늘소, 줄각시하늘소
		꽃하늘소족	꼬마산꽃하늘소, 메꽃하늘소, 수검은산꽃하늘소, 긴알락꽃하늘소, 열두점박이꽃하늘소, 알통다리꽃하늘소, 붉은산꽃하늘소
	검정하늘소아과	검정하늘소족	검정하늘소
		넓적하늘소족	큰넓적하늘소, 넓적하늘소
		무늬넓적하늘소족	무늬넓적하늘소
	벌하늘소아과	벌하늘소족	큰벌하늘소, 벌하늘소, 북방벌하늘소

과명	아과명	족명	대표 종
하늘소과	하늘소아과	하늘소족	하늘소, 작은하늘소, 남방작은하늘소
		털보하늘소족	닮은털보하늘소, 털보하늘소
		청줄하늘소족	청줄하늘소, 홀쭉하늘소
		밤색하늘소족	밤색하늘소, 알밤색하늘소
		섬하늘소족	섬하늘소, 울릉섬하늘소
		송사리엿하늘소족	어깨무늬송사리엿하늘소, 송사리엿하늘소, 깨엿하늘소
		엿하늘소족	검은다리엿하늘소, 엿하늘소
		꼬마벌하늘소족	꼬마벌하늘소, 풍게꼬마벌하늘소
		반디하늘소족	반디하늘소
		굵은수염하늘소족	굵은수염하늘소
		루리하늘소족	루리하늘소
		주홍하늘소족	먹주홍하늘소, 모자주홍하늘소
		사향하늘소족	벚나무사향하늘소, 사향하늘소, 홍줄풀색하늘소
		삼나무하늘소족	검정삼나무하늘소, 향나무하늘소, 주홍삼나무하늘소, 삼나무하늘소, 홍띠하늘소
		줄범하늘소족	호랑하늘소, 애호랑하늘소, 넉점애호랑하늘소, 작은호랑하늘소, 벌호랑하늘소, 범하늘소, 우리범하늘소, 작은소범하늘소
		뾰족범하늘소족	뾰족범하늘소
	목하늘소아과	깨다시하늘소족	깨다시하늘소, 흰깨다시하늘소
		소머리하늘소족	소머리하늘소
		오이하늘소족	흰줄측돌기하늘소, 참소나무하늘소, 흰가슴하늘소

과명	아과명	족명	대표 종
하늘소과	목하늘소아과	초원하늘소족	남색초원하늘소, 초원하늘소
		곰보하늘소족	꼬마하늘소, 흰점곰보하늘소, 흰띠곰보하늘소, 짝지하늘소
		두꺼비하늘소족	두꺼비하늘소
		목하늘소족	우리목하늘소, 목하늘소
		수염하늘소족	긴수염하늘소, 깨다시수염하늘소, 솔수염하늘소, 북방수염하늘소, 알락하늘소, 큰우단하늘소, 화살하늘소
		참나무하늘소족	뽕나무하늘소, 참나무하늘소
		알락수염하늘소족	알락수염하늘소
		털두꺼비하늘소족	털두꺼비하늘소
		염소하늘소족	염소하늘소, 점박이염소하늘소
		말총수염하늘소족	말총수염하늘소
		곤봉하늘소족	곤봉하늘소, 권하늘소, 큰통하늘소, 통하늘소
		큰곤봉하늘소족	큰곤봉수염하늘소, 북방곤봉수염하늘소, 솔곤봉수염하늘소
		곤봉수염하늘소족	꼬마수염하늘소, 흰점꼬마수염하늘소
		긴하늘소족	노란팔점긴하늘소, 무늬박이긴하늘소, 녹색네모하늘소, 삼하늘소, 모시긴하늘소
		국화하늘소족	국화하늘소, 노랑줄점하늘소, 통사과하늘소
		새똥하늘소족	새똥하늘소, 닮은새똥하늘소, 줄콩알하늘소
		남색하늘소족	남색하늘소, 큰남색하늘소

깔따구하늘소아과(잎벌레상과 하늘소과)

| 깔따구하늘소족 |

우리나라에는 1족 1속 1종만이 사는 하늘소입니다. 활엽수 고사목에 삽니다.

깔따구하늘소 몸길이는 20~30mm. 다른 하늘소에 비해 몸이 호리호리하다. 전국적으로 분포하며 6~10월에 보인다. 밤에 불빛에도 잘 찾아든다.

깔따구하늘소 물박달나무, 버드나무가 기주식물이며 애벌레로 월동한다. 암컷은 버드나무, 오리나무, 단풍나무 등의 뿌리 근처에 산란한다.

깔따구하늘소 더듬이 기부가 매우 굵으며 겹눈은 콩팥 모양이다.

톱하늘소아과(잎벌레상과 하늘소과)

우리나라에 5족 5속 5종이 서식합니다. 장수하늘소가 속해 있는 분류군으로 대형 하늘소들이 포함되어 있으며 큰턱이 매우 발달했고 대부분 야행성입니다.

| 톱하늘소족 |

톱하늘소 몸길이는 18~45mm로 크기가 다양하다.

톱하늘소 겹눈은 콩팥 모양이며 더듬이는 위로 갈수록 가늘어지는 톱날 모양이다.

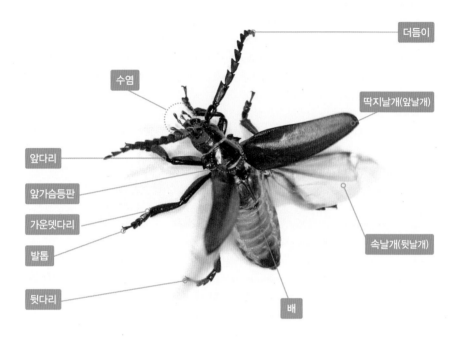

더듬이

수염

딱지날개(앞날개)

앞다리

앞가슴등판

가운뎃다리

발톱

속날개(뒷날개)

뒷다리

배

톱하늘소 생김새

톱하늘소의 크기를 짐작할 수 있다.

톱하늘소 수컷 암컷보다 더듬이가 길고 몸이 날씬하다.

톱하늘소 암컷 수컷보다 더듬이가 짧고 몸이 넓적하다.

알을 낳기 위해 산란관을 내밀고 있는 톱하늘소 암컷 활엽수 밑동에 산란한다. 여러 종류의 활엽수와 침엽수를 먹는다. 6~9월에 보인다.

산란 직전의 톱하늘소 암컷

날개를 펴고 있는 톱하늘소

톱하늘소는 큰턱이 매우 발달했다.

톱하늘소 보통 하늘소는 가슴과 배 사이의 발음기로 소리를 내지만, 톱하늘소는 뒷다리와 딱지날개를 마찰시켜 소리를 낸다.

버들하늘소 몸길이는 32~60mm다.

버들하늘소 수컷 전국적으로 분포하며 6~8월에 많이 보인다. 암컷보다 더듬이가 더 길고 산란관이 없다.

버들하늘소 밤에 쉽게 만날 수 있는 하늘소 종류다.

버들하늘소 얼굴 겹눈이 콩팥 모양이며 더듬이 기부가 굵다.

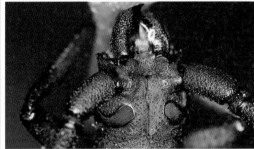

버들하늘소 큰턱이 매우 발달했다. 나무를 씹기 좋은 구조다.

버들하늘소 은신처 위협을 느끼면 나무 구멍 속으로 들어가거나 껍질로 파고든다.

버들하늘소 암컷이 산란을 준비하고 있다.

버들하늘소 암컷 산란관이 몸 밖으로 나와 있어 수컷과 구별된다. 암컷은 여러 종류의 활엽수에 산란한다고 알려졌다.

산란관이 밖으로 나와 있다.

버들하늘소 암컷

버들하늘소 암수 애벌레는 나무 속에서 목질부를 먹으며 성장하고 늦봄에 나무 속에서 성충이 된다.

꽃하늘소아과(잎벌레상과 하늘소과)

우리나라에 4족 35속 73종이 서식합니다. 대부분 낮에 활동하며 색이 화려한 종이 많습니다. 대부분 꽃에서 활동하기 때문에 붙인 이름입니다.

| 소나무하늘소족 |

소나무하늘소 몸길이는 12~20mm, 10월~이듬해 5월까지 보인다. 성충으로 월동한다.

소나무하늘소 암컷은 여러 종류의 침엽수의 나무껍질 틈에 알을 낳는다.

소나무하늘소 애벌레는 나무 속에서 성장하며 9월쯤 번데기가 된 후 날개돋이하여 성충으로 월동한다. 이른 봄부터 활동하며 5월까지 보인다. 분비나무, 소나무, 잣나무 등이 기주식물로 알려졌다.

소나무하늘소족 중에서 이른봄꽃하늘소가 있습니다. 충청남도와 경기도 일부 지역에서만 관찰될 정도로 개체 수가 매우 적으며, 몸길이는 9~11밀리미터, 성충은 4~6월에 활동합니다. 낮에 활동하는 하늘소로 암컷은 단풍나무에 산란한다고 알려졌습니다.

다음은 2020년 4월 26일 경기도 가평의 화야산에서 관찰한 개체입니다. 그동안 가칭(임시 이름)으로 불리다가 최근에야 이른봄꽃하늘소라는 정식 국명을 가졌습니다.

이른봄꽃하늘소(신칭) 몸길이는 9~11mm, 4월 26일 경기도 가평 화야산에서 만난 개체다.

봄산하늘소 몸길이는 8~10mm, 4~6월에 보인다. 경기, 강원 충청, 전북 지방에 서식한다. 이른 봄 노란색 꽃들에 많이 모인다. 월동 상태나 기주식물 등은 아직 알려지지 않았다.

봄산하늘소 개체마다 색깔이나 무늬에 차이가 있다. 5월 말 계곡 주변의 서양민들레에서 먹이 활동을 하는 개체를 만났다.

작은청동하늘소 몸길이는 6~8mm, 5~7월까지 활동한다. 딱
지날개, 앞가슴등판의 색 변이가 많다.

작은청동하늘소 애벌레로 월동하며 암컷은 층층나무, 단풍나무,
잎갈나무, 전나무 등의 나무 둥치나 썩은 가지에 산란한다. 애벌
레는 성장 후 나무를 뚫고 나오며, 땅 5cm 아래에 번데기 방을
만든다고 알려졌다.

작은청동하늘소 맑은 날 낮에 쥐똥나무, 층층나무, 신나무 등
의 꽃에서 먹이 활동하는 모습이 자주 보인다.

남풀색하늘소 딱지날개의 점각이 작고, 가슴판 옆면의 굴곡 모양
이 다르며 가슴판 가운데에 세로 홈이 없어 작은청동하늘소와 구
별된다.

남풀색하늘소 전국적으로 분포하며 몸길이는 6~8mm다. 주로
5~7월에 보인다. 애벌레로 월동한다.

남풀색하늘소 배가 황색이다.

남풀색하늘소 암컷은 단풍나무, 호두나무, 물푸레나무 등의 썩은   남풀색하늘소 짝짓기
가지 등에 알을 낳는다. 애벌레는 땅속으로 들어가 번데기를 만들
고 성충이 된다.

남풀색하늘소의 크기를 짐작할 수 있다.   남풀색하늘소 앞가슴이 좁고 길어서 마치 긴가슴잎벌레류처럼
보인다.

■■■ 청동하늘소 몸길이는 9~13mm, 전국적으로 분포하며 5~7월까지 보인다. 딱지날개는 광택이 나는 청동색이며 녹색에서 붉은색까지 변이가 있다.

■■■ 청동하늘소 암컷은 가래나무, 느릅나무, 붉나무, 신나무, 참나무류 등에 산란한다. 애벌레는 나무 속에서 성장하다가 땅속 3~5cm 깊이에 번데기 방을 만들고 성충이 된다.

■■■ 청동하늘소 한낮에 꽃에서 주로 보인다.

■■■ 따색하늘소 몸길이는 10~15mm다. 지리산 이남을 제외한 전국에 서식하며 6~8월에 보인다. 암컷은 가래나무, 물푸레나무 등의 밑동이나 굵은 뿌리 부근에 산란한다. 애벌레는 뿌리에서 나와 땅속에 번데기 방을 만든다.

■■■ 따색하늘소 여느 꽃하늘소들과 다르게 밤에 불빛에 찾아든다.

■■■ 따색하늘소 하늘소답게 겹눈이 콩팥 모양이며 더듬이도 길다. 땅색하늘소라고도 불린다.

■ 넉점각시하늘소 몸길이는 5~8mm, 전국에 분포하며 5~7
월에 주로 보인다. 딱지날개에 하얀색 점 4개가 있고 더듬
이 기부가 매우 굵다.

■ 넉점각시하늘소 성충은 한낮에 흰색 꽃이나 풀잎 위에서
자주 보인다.

■ 넉점각시하늘소 국내 각시하늘소들 가운데 크기가 가장 작
다. 한낮에 꽃뿐만 아니라 풀잎 위에서도 자주 보인다.

■ 넉점각시하늘소가 꽃에서 짝짓기를 하고 있다.(6월 4일에 관찰)

■ 넉점각시하늘소의 크기를 짐작할 수 있다.

노랑각시하늘소
몸길이는 6〜8mm. 전국적으로 분포하며 5〜6월에 주로 보인다.
몸이 연한 노란색이라 붙인 이름이다. 개체 차이가 거의 없다.

노랑각시하늘소 성충은 한낮에 하얀색 꽃에서 자주 보인다.

노랑각시하늘소의 크기를 짐작할 수 있다.

노랑각시하늘소가 짝짓기를 하고 있다. 아직 기주식물은 밝혀
지지 않았다.

노랑각시하늘소 개체 수가 많은 편이다. 한낮에 여러 마리가 같
이 먹이 활동을 하며 그곳에서 짝짓기도 이루어진다.

● 산각시하늘소와 닮은산각시하늘소 비교

구별점	산각시하늘소	닮은산각시하늘소
더듬이	암수 모두 더듬이 세 번째 마디와 네 번째 마디의 길이가 비슷하다.	암수 모두 네 번째 마디 길이가 세 번째 마디 길이보다 짧다.
수컷	가운뎃다리의 넓적다리마디가 단색이다.	가운뎃다리의 넓적다리마디에 진한 부분이 있다.
암컷	배마디가 검은색이다.	배마디에 노란색이 보인다.

* 이 둘의 비교가 꼭 맞아떨어지는 것은 아니다. 가끔 둘의 특징을 함께 지닌 개체가 보이기도 한다.

닮은산각시하늘소 수컷 몸길이는 7~10mm다.

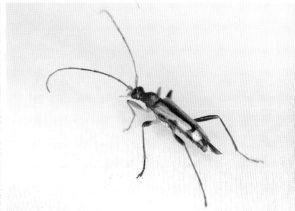

닮은산각시하늘소 수컷 넓적다리마디에 짙은 무늬가 있다. 더듬이 네 번째 마디가 세 번째 마디보다 짧다.

닮은산각시하늘소 암컷 5~6월에 활동하며 주로 하얀색 꽃에서 많이 보인다.

닮은산각시하늘소 짝짓기 5월 초에 관찰한 모습이다.

닮은산각시하늘소 딱지날개에 있는 무늬는 개체마다 차이가 있다.

■■■■ 산각시하늘소 암컷 배마디가 검은색이다. 몸길이는 7~11mm, 5~6월에 보인다. 무늬는 개체마다 차이가 있다.

■■■■ 산각시하늘소 짝짓기 5월 17일에 관찰한 모습이다.

■■■■ 산각시하늘소 낮에 주로 꽃에 모여 먹이 활동을 하거나 짝짓기를 한다.

■■■■ 줄각시하늘소 몸길이는 7~13mm, 5~6월에 보이며 전국적으로 분포한다. 성충은 여러 꽃이나 잎 위에 앉아 있다. 월동 상
태나 기주식물은 아직 밝혀지지 않았다.

■■■■ 줄각시하늘소 딱지날개를 열자 배의 줄무늬가 보인다. 딱지날개에도 줄무늬가 있다.

■■■■ 줄각시하늘소 5월에 만난 개체다.

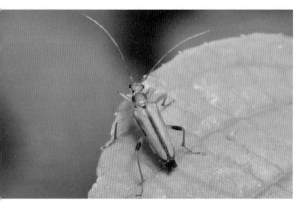

■■ 산줄각시하늘소 몸길이는 11~14mm, 5~7월까지 보인다. 강원도, 지리산 등 고산지대에서 보이며 우리나라 각시하늘소 중 가
장 크다.

■■ 산줄각시하늘소 줄각시하늘소와 비슷하게 생겼지만 머리와 앞가슴등판의 색이 다르다. 앞가슴등판 옆면에 세로로 검은색 띠
가 있는 것이 특징이다.

| 꽃하늘소족 |

꽃하늘소족에는 온통 검은색인 하늘소가 몇 종 있습니다. 메꽃하늘소, 수검은꽃하늘소 수컷, 꽃하늘소가 그들이지요. 이들을 정확하게 구별하기는 어렵습니다. 딱지날개 모양이나 더듬이의 길이 등으로 구별한다고는 하지만, 개체마다 차이가 있어 사진만으로 정확하게 구별하기는 힘듭니다.

꼬마산꽃하늘소 몸길이는 4~7mm, 5~7월에 보인다. 한낮에 다양한 꽃에 모인다. 암컷은 칡 등의 덩굴식물 나무껍질 틈에서 산란한다. 애벌레는 같은 장소에서 자라면서 번데기 방까지 만든 뒤 성충이 된다.

여기에서는 여러 가지 종합적인 판단으로 이름을 달았지만 100퍼센트 정확하다고 말하기는 어렵습니다. 다음의 표는 필자의 관점에 따라 정리한 것입니다.

꽃하늘소	앞가슴등판을 위에서 보면 오각형처럼 보인다. 앞으로 갈수록 급격하게 좁아진다. 가운데 선이 나타나거나 주름 모양이 있다. 딱지날개 끝은 잘린 듯하며 날개 끝이 가시처럼 보인다.
메꽃하늘소	앞가슴등판이 둥그스름하며 가운데가 약간 볼록하다. 딱지날개 끝은 둥그스름하며 뒷부분에서 경사가 심하다. 몸이 짧은 느낌이다. 더듬이는 다른 꽃하늘소보다 긴 편이다.
수검은산꽃하늘소	앞가슴등판을 위에서 보면 긴 마름모꼴처럼 보인다. 딱지날개 끝은 둥근 W 자 모양이다.

메꽃하늘소 몸길이는 8~15mm, 전국의 산지에 서식하며 6~8월까지 보인다. 낮에 각종 꽃에 모이며 암컷은 괴불나무 등의 뿌리 근처에 산란한다.

메꽃하늘소 더듬이가 길고 딱지날개가 뭉뚝하다. 수검은산꽃하늘소 수컷 더듬이보다 길다.

수검은산꽃하늘소 암컷 몸길이는 7~14mm, 전나무와 가문비나무 등 침엽수 고사목 나무껍질 틈에 산란한다.

수검은산꽃하늘소 수컷 몸이 검은색이라 붙인 이름이다.

수검은산꽃하늘소 전국적으로 분포하며 개체 수가 많다.

꽃하늘소 수컷 몸길이는 12~17mm, 전국적으로 분포하며
5~8월에 활동한다.

꽃하늘소 수컷이 꽃을 열심히 먹고 있다. 앞가슴등판 가운데에
줄이 있다.

꽃하늘소 노란 꽃가루가 잔뜩 묻어 있다.

꽃하늘소 다양한 꽃에서 관찰된다.

꽃하늘소 딱지날개 끝이 잘린 듯한 모양이다. 앞가슴등판이 오
각형처럼 보이며 앞으로 갈수록 좁아진다.

꽃하늘소 갈색형으로 추정되는 개체다.

긴알락꽃하늘소 몸길이는 12~23mm다.

긴알락꽃하늘소 다양한 꽃에서 먹이 활동을 한다. 전국적으로 분포하며 5~8월에 자주 보인다.

긴알락꽃하늘소 암컷 수컷보다 더듬이가 짧다.

긴알락꽃하늘소 수컷 몸이 날씬하다.

긴알락꽃하늘소 딱지날개 색이 개체마다 차이가 있다. 더듬이 윗부분이 주황색이다.

긴알락꽃하늘소 짝짓기 꽃과 나뭇잎 등 다양한 곳에서 짝짓기를 한다.

열두점박이꽃하늘소 몸길이는 11~15mm, 전국적으로 분포하며 6~8월에 주로 보인다.

열두점박이꽃하늘소 딱지날개에 점무늬가 12개 있다. 이 점들로 비슷하게 생긴 긴알락꽃하늘소와 구별한다. 암컷은 나무껍질 틈새에 산란한다.

알통다리꽃하늘소 몸길이는 11~17mm, 전국적으로 분포하며 5~7월에 많이 보인다. 수컷 뒷다리의 넓적다리마디가 알통처럼 발달해서 붙인 이름이다.

알통다리꽃하늘소 암컷 수컷과 달리 뒷다리에 알통이 없다.

알통다리꽃하늘소의 크기를 짐작할 수 있다.

알통다리꽃하늘소 아랫면은 모두 검은색이다. 낮에 다양한 꽃에 모여 먹이 활동을 하고 짝짓기도 한다.

알통다리꽃하늘소 주로 5월에 짝짓기 장면이 많이 보인다. 짝짓기 후 암컷은 활엽수나 침엽수 둥치에 산란한다.

붉은산꽃하늘소
몸길이는 12~22mm,
전국적으로 분포하며
6~8월에 많이 보인다.

붉은산꽃하늘소의 크기를
짐작할 수 있다.

붉은산꽃하늘소 수컷
배가 길쭉한 삼각형이다.

붉은산꽃하늘소 암컷 암컷은 죽
은 침엽수 나무껍질에 산란한다.

붉은산꽃하늘소
턱이 매우 발달했다.

붉은산꽃하늘소 더듬이는 톱날 모양이다.
다리는 검은색과 적갈색이 섞여 있다. 모두
검은색이면 홍가슴꽃하늘소 적색형이다.

붉은산꽃하늘소 수컷의 옆모습 암컷보다 배가 홀쭉하다.

붉은산꽃하늘소 짝짓기
암수가 개망초에 매달려
짝짓기를 하고 있다. 7월에 주로 보인다.

■ 옆검은산꽃하늘소 몸길이는 8~13mm, 전국적으로 분포하며 5~6월에 보인다.

■ 옆검은산꽃하늘소 딱지날개 테두리가 검은색이라 붙인 이름이다.

■ 옆검은산꽃하늘소 딱지날개의 검은색 테두리가 뚜렷하다.

■ 옆검은산꽃하늘소 짝짓기 독특하게 생긴 수컷의 생식기가 보인다. 다양한 꽃에서 먹이 활동과 짝짓기를 한다.

■ 옆검은산꽃하늘소 얼굴에 노란색 꽃가루가 잔뜩 묻었다.

검정하늘소아과(잎벌레상과 하늘소과)

우리나라에 3족 7속 10종이 서식합니다. 침엽수가 기주식물이며 대부분 야행성입니다.

| 검정하늘소족 |

검정하늘소 수컷 낮에는 침엽수의 나무껍질 밑에 숨어 있다가 밤에 활동한다. 불빛에도 잘 찾아든다.

검정하늘소 몸길이는 12~25mm, 전국적으로 분포하며 7~9월에 보인다.

검정하늘소 수컷 딱지날개에 세로줄이 뚜렷하면 수컷이다. 더듬이가 짧아서 더듬이로 암수 구별이 쉽지 않다.

검정하늘소 암컷이 불빛에 찾아왔다. 수컷보다 딱지날개에 세로줄이 뚜렷하지 않다.

검정하늘소 암컷은 침엽수 뿌리 근처에 산란한다. 턱이 매우 발달하고 더듬이도 짧아 하늘소처럼 보이지 않는다.

| 넓적하늘소족 |

작은넓적하늘소 몸길이는 8~15mm,
전국적으로 분포한다.

작은넓적하늘소 개체마다 색깔 차이가 있다.
5~8월에 주로 보인다. 크기를 짐작할 수 있다.

작은넓적하늘소 암컷은 여러 가지 침엽
수 나무껍질 틈새에 산란한다. 애벌레는
성장하면서 목질부를 파고 들어간다.

큰넓적하늘소 몸길이는 12~30mm,
전국적으로 분포하며 6~8월에 많이
보인다.

큰넓적하늘소의 크기를 짐작 할 수 있다.

큰넓적하늘소 낮에는 숨어 지내다가
해가 질 무렵 활동을 시작하는 황혼성
하늘소다.

큰넓적하늘소 밤에 불
빛에도 찾아든다. 암컷은
침엽수의 고사목이나 둥
치 근처에 산란한다.

큰넓적하늘소 몸이 검은
색 개체도 보인다.

검은넓적하늘소 몸길이는 17∼30mm, 강원도의 울창한 산림에 서식한다. 7∼8월에 보인다.

검은넓적하늘소 우리나라 넓적하늘소 중 가장 크며 앞가슴등판이 움푹 파여 여느 넓적하늘소와 구별된다.

검은넓적하늘소 야행성으로 불빛에도 잘 날아온다. 암컷은 침엽수 고사목의 뿌리나 둥치에 산란한다.

하늘소아과(잎벌레상과 하늘소과)

우리나라에 16족 54속 114종이 분포하며, 목하늘소아과 다음으로 개체가 많은 분류군입니다. 위에서 봤을 때 가슴판이 둥근 종들이 많아 영어권에서는 'round-necked longhorn beetles'라고 합니다.

| 하늘소족 |

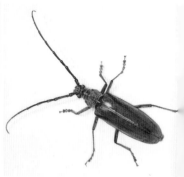

하늘소 몸길이는 34∼58mm, 전국적으로 분포하며 6∼8월에 보인다.

장수풍뎅이, 사슴벌레, 하늘소 크기 비교

하늘소 암컷 더듬이가 수컷보다 짧고 배가 넓적하다.

하늘소 얼굴

하늘소 수컷 더듬이가 암컷보다 길고 배가 홀쭉하다.

하늘소 암수 밤에 불빛에 잘 날아온다.

하늘소 암수 더듬이가 긴 쪽이 수컷이다.

하늘소 수컷 두 마리가 암컷을 차지하기 위해 싸움을 벌이고 있다.

하늘소 짝짓기 짝짓기 후 암컷은 오래된 밤나무 등의 시들어가는 곳에 산란한다. 밤나무를 비롯해 참나무류가 기주식물로 알려졌다.

털보하늘소 몸길이는 10~19mm, 전국
적으로 분포하며 6~8월에 보인다.

털보하늘소 야행성이며 침엽수와 활엽수 가리
지 않고 활동한다. 밤에 불빛에도 잘 날아온다.

털보하늘소 몸에 털이 많아 붙인 이름
이다. 암컷은 침엽수와 활엽수 가리지
않고 굵은 고사목에 산란한다.

| 청줄하늘소족 |

청줄하늘소 몸길이는 15~38mm, 전국적으로 분포하며 6~8월에 활동한다. 야행성으로 밤에 자귀나무에서 활동하며 불빛에도 날
아온다. 암컷은 자귀나무에 산란한다. 딱지날개에 청색 세로줄 무늬가 두 줄 있어 붙인 이름이다.

- 홀쭉하늘소 몸길이는 11~15mm, 전국적으로 분포하며 5~6월에 많이 보인다.
- 홀쭉하늘소 여느 하늘소에 비해 몸이 가늘고 길어 홀쭉해 보인다. 이전(1987년)에는 홍줄하늘소라고도 했다.
- 홀쭉하늘소 생강나무, 후박나무 등 녹나무과에서 성충으로 월동한다. 딱지날개에 넓고 불규칙한 띠무늬가 있어 '물결무늬하늘소'라고도 한다.
- 홀쭉하늘소 겹눈이 콩팥 모양이고 더듬이가 길다.
- 홀쭉하늘소 더듬이는 수컷이 암컷보다 더 길다.

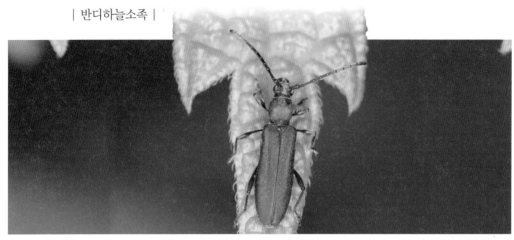

반디하늘소 몸길이는 7~10mm, 전국적으로 분포하며 4~6월에 보인다. 여러 가지 꽃에서 먹이 활동을 하거나 짝짓기를 한다. 암컷은 자귀나무 고사목에 산란한다. 가을에 성충으로 날개돋이한 뒤 자귀나무 속으로 들어가 월동한다.

굵은수염하늘소 몸길이는 15~18mm, 전국적으로 분포하며 5~8월에 보인다. 더듬이가 굵은 수염처럼 보인다. 수컷이다. 더듬이 제1~3마디는 원통 모양이고 나머지는 톱날 모양이다.

굵은수염하늘소가 더듬이를 손질하고 있다. 곤충에게 더듬이는 매우 중요한 기관이므로 틈틈이 손질한다.

굵은수염하늘소 암컷은 살아 있는 녹나무과의 가느다란 가지에 산란한다.

무늬소주홍하늘소 몸길이는 14~19mm, 전국적으로 분포하며 5~6월에 많이 보인다.

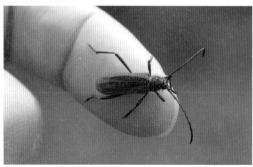

무늬소주홍하늘소의 크기를 짐작할 수 있다.

무늬소주홍하늘소 애벌레로 월동하며 봄에 날개돋이하는 듯하다. 딱지날개에 넓고 긴 검은색의 무늬가 있다. 4월 초에도 가끔 보인다. 4월 3일에 관찰한 모습이다.

무늬소주홍하늘소 몸에 부드러운 검은색 털이 덮여 있다.

무늬소주홍하늘소 딱지날개를 열면 검은색의 무늬가 봉합선을 중심으로 나뉜다. 무늬는 개체마다 차이가 있으며 무늬가 없는 개체도 있다.

무늬소주홍하늘소 암컷은 신나무, 산사나무, 참나무류 등 활엽수 가지에 산란한다. 신나무 꽃에서 먹이 활동을 하며 날아다니는 모습도 자주 보인다.

소주홍하늘소 몸길이는 14~19mm, 전국적으로 분포하며 5~6
월에 보인다. 암컷은 살아 있는 활엽수의 가지 끝에 산란한다.

소주홍하늘소 딱지날개가 길고 세로줄(융기선)이 뚜렷한 점이 무
늬소주홍하늘소의 민무늬형과 구별된다.

모자주홍하늘소 몸길이는 17~23mm다. 경기, 강원, 충청, 경상
도 등에 서식하며 5~7월에 보인다. 딱지날개에 있는 중절모 모
양의 검은색 무늬가 있어 붙인 이름이다.

모자주홍하늘소 암컷은 참나무 등의 고사목에 산란한다.

홍줄풀색하늘소 몸길이는 15~26mm다. 울산, 경기, 강원, 경남 일부 지역 등에 서식하며 5~6월에 보인다. 경기도 분당에서 처음 발견된 이후 전국 여러 지역에서 보인다.

홍줄풀색하늘소 딱지날개 가장자리에 홍줄이 있다. 성충은 신나무, 국수나무 등의 꽃에 날아든다.

홍줄풀색하늘소 암컷은 참나무류 등에 산란한다.

홍줄풀색하늘소 수컷 암컷보다 몸이 더 가늘고 더듬이도 길다. 이 국수나무 꽃에서 먹이 활동도 하고 짝짓기도 한다. 광택이 나는 초록빛이 더 넓게 보인다.

■■ 벚나무사향하늘소 몸길이는 25~35mm, 전국적으로 분포하며 7~8월에 보인다. 주로 낮에 활동하며 옅은 사향 향기를 풍긴다.
■■ 벚나무사향하늘소 개체 수가 많아 도심에서도 보이며 암컷은 살아 있는 벚나무에 산란한다.

| 삼나무하늘소족 |

■■■ 애청삼나무하늘소 수컷 몸길이는 5~14mm, 전국적으로 분포하며 4~7월에 보인다. 딱지날개 색이 검은색에서 갈색, 광택
이 나는 청색 계통까지 변이가 심하다. 크기에도 차이가 있다.
■■■ 애청삼나무하늘소 암수 큰 개체가 암컷이다. 성충으로 월동하며 이른 봄부터 보인다.
■■■ 애청삼나무하늘소 암컷은 침엽수의 나무껍질에 산란한다.

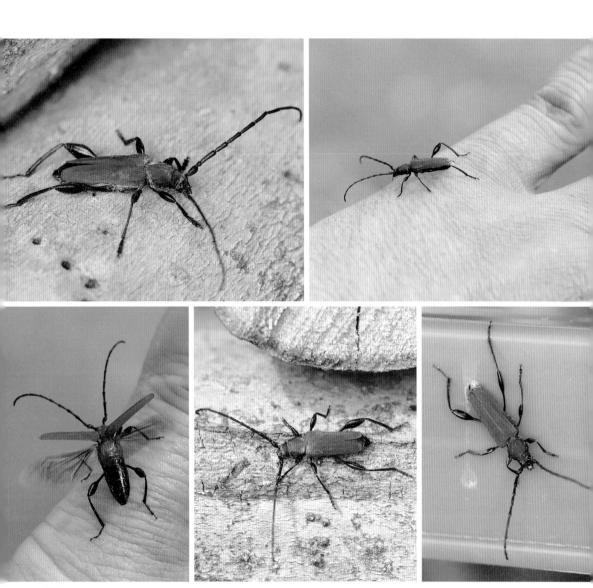

■ 주홍삼나무하늘소 몸길이는 7~17mm다. 강원, 충청도 등지에 서식하며 5~7월에 보인다.
■ 주홍삼나무하늘소의 크기를 짐작할 수 있다.
■ 주홍삼나무하늘소 속날개가 달린 가운데가슴과 배 색이 다르다.
■ 주홍삼나무하늘소 암컷은 벌채목이나 고사목에 산란한다. 한낮에 벌채목 주변에서 보이는 대표적인 하늘소다.
■ 주홍삼나무하늘소 더듬이와 다리를 제외하고 몸 전체가 주홍색이라 붙인 이름이다.

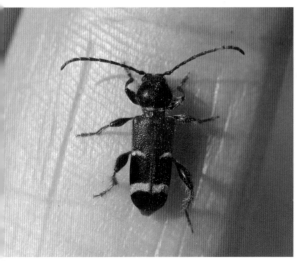

홍띠하늘소 몸길이는 6~10mm, 전국적으로 분포하며 5~7월에 보인다. 딱지날개는 홍색이며 가느다란 황백색 띠와 검은색 넓은 띠가 두 개씩 있다.

홍띠하늘소 넓적다리마디가 발달해 알통 다리다. 번데기 전 단계 상태로 겨울을 나고 날이 따뜻해지기 시작하면 번데기가 된 후 성충으로 날개돋이한다.

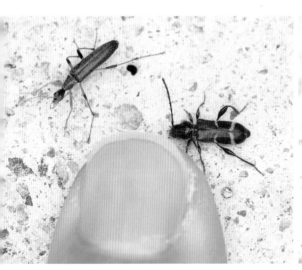

홍띠하늘소가 목대장과 함께 있다. 크기를 짐작할 수 있다.

홍띠하늘소 옆모습 몸 전체에 부드러운 긴 털로 덮여 있다. 활동하는 대부분의 낮 시간을 머루, 다래, 포도 등의 고사목에서 보내며, 암컷은 이곳에 알을 낳는다.

호랑하늘소 몸길이는 15~26mm, 제주를 제외한 전국에 분포 하며 7~8월에 보인다. 말벌을 의태한 대표적인 하늘소다. 암컷 은 뽕나무의 상처 난 곳이나 나무껍질 틈새에 산란한다. 애벌레 로 월동한다.

세줄호랑하늘소 몸길이는 10~24mm, 전국적으로 분포하며 6~8월에 보인다. 애벌레로 월동하며 암컷은 활엽수 고사목 나무 껍질 틈새에 산란한다. 구릿빛 딱지날개에 하얀색 가로줄 무늬가 3줄 있다.

넉점애호랑하늘소 몸길이는 8~15mm, 2000년대 초반 광릉에 서 최초로 발견되어 기록된 종이다. 애벌레로 월동하며 기주식 물은 신갈나무다. 가슴판에 노란색 점 4개가 있다.

별가슴호랑하늘소 몸길이는 9~17mm다. 경기, 강원, 충청, 대구 등에 서식하며 5~7월에 볼 수 있다. 가슴판에 하얀색 점이 별처 럼 보여 붙인 이름이다. 암컷은 활엽수 고사목에 산란한다.

홍가슴호랑하늘소 몸길이는 9~13mm로 5~8월에 보인다.

홍가슴호랑하늘소 수컷은 암컷보다 작으며 날씬하다. 크기를 짐작할 수 있다.

홍가슴호랑하늘소 암컷 전국적으로 서식하며 활엽수가 기주식물 이다.

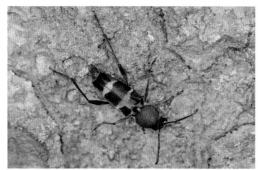

홍가슴호랑하늘소 산란 암컷은 활엽수의 나무껍질 틈에 산란 한다.

알을 낳고 있는 홍가슴호랑하늘소 애벌레는 나무껍질 아래를 먹 으며 자라다가 코르크층에 번데기를 만들고 날개돋이한다.

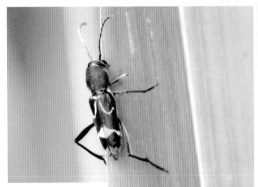

작은호랑하늘소 몸길이는 7~11mm, 전국적으로 분포하며 5~6월에 보인다.

작은호랑하늘소 암컷은 참나무류 벌채목에 산란하며 애벌레로 월동한다.

작은호랑하늘소 개체 수가 많아 맑은 날에는 많은 수가 한꺼번에 보인다. 우리나라 호랑하늘소류 중에서 작은 편에 속한다.

작은호랑하늘소 앞가슴등판이 딱지날개의 너비와 비슷하며 둥근 모양이다.

넓은홍호랑하늘소 몸길이는 10~16mm, 경기와 강원 몇 지역에서 서식하며 4~6월에 보인다. 암컷은 팽나무, 풍게나무 고사목에 산란한다. 홍호랑하늘소보다 크고 앞가슴등판에 붉은색 둥근 무늬가 있는 것으로 구별한다.

벌호랑하늘소 몸길이는 8~19mm. 전국적으로 분포하며 5~6월에 보인다.

벌호랑하늘소 몸은 부드러운 털로 덮여 있으며 딱지날개에 노란색 가로줄 무늬가 3줄 있지만 가끔 두 번째 무늬가 없는 변이도 있다.

벌호랑하늘소 벌을 의태한 대표적인 하늘소다. 배에도 줄무늬가 있어 벌처럼 보인다. 전국의 활엽수림에 분포하며 개체 수가 많아서 자주 보인다.

벌호랑하늘소 얼굴에도 가로줄 무늬가 있다. 벌처럼 보인다.

벌호랑하늘소 암컷은 활엽수 고사목의 나무껍질 틈새에 산란한다.

벌호랑하늘소 암컷 한 마리는 평생 46개 정도의 알을 낳는다 벌호랑하늘소 수컷은 몸이 작고 날씬하다. 애벌레로 월동한다.
고 알려졌다.

작은소범하늘소 몸길이는 10~18mm다. 경기, 강원에 서식하며 5~7월에 보인다. 애벌레로 월동하며 암컷은 활엽수 고사목 나무
껍질 틈새에 산란한다.

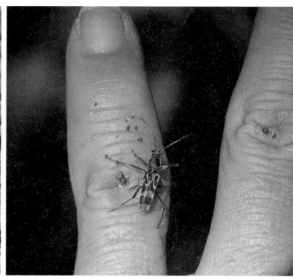

우리범하늘소 몸길이는 8~16mm, 전국적으로 분포하며 5~8 월에 보인다.

우리범하늘소의 크기를 짐작할 수 있다.

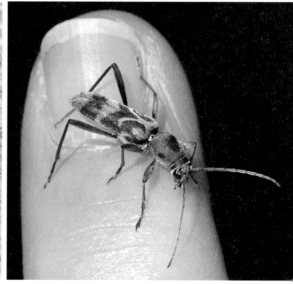

우리범하늘소 머리는 흑갈색이며 짧은 털로 덮여 있다. 앞가 슴등판도 흑갈색이며 테두리는 회황색의 짧은 털로 덮여 있다. 딱지날개 앞쪽에 구멍 혈灻 자처럼 생긴 회황색의 무늬가 나타 난다.

우리범하늘소 애벌레로 월동하며 암컷은 말라 죽은 참나무류의 나무껍질 틈새에 산란한다. '가까운 장래에 야생에서 멸종 우려 위기에 처할 가능성이 높음' 단계인 적색목록 준위협(NT) 단계에 속한 하늘소다.

육점박이범하늘소 몸길이는 7∼13mm, 전국적으로 분포하며 5∼7월에 보인다.

육점박이범하늘소 딱지날개에 검은색 점이 6개 있지만 가끔 가운데 점 2개가 없는 개체도 있다. 크기를 짐작할 수 있다.

육점박이범하늘소 애벌레로 월동하며 암컷은 말라 죽은 활엽수 나무껍질 틈새나 이끼 긴 부분에 산란한다. 개체 수가 많아 여러 마리가 모여 있다.

육점박이범하늘소 겹눈이 콩팥 모양이다.

육점박이범하늘소 꽃에서 먹이 활동을 하거나 짝짓기하는 모습 을 쉽게 볼 수 있다.

가시수염범하늘소 몸길이는 7~12mm, 전국적으로 분포하며 5~6월에 보인다.

가시수염범하늘소 한낮에 주로 흰색 꽃에 모인다.

가시수염범하늘소 수컷 몸이 암컷에 비해 날씬하다. 앞가슴등판에 검은색 점이 한 쌍 있다.

가시수염범하늘소 암컷 활엽수의 가느다란 가지에 산란한다.

가시수염범하늘소 암수 아래가 암컷이다. 딱지날개 끝에 가시 같은 돌기가 있어 붙인 이름이다.

서울가시수염범하늘소 몸길이는 12~18mm, 한반도 고유종으로 휴전선 이남에서만 발견 기록이 있다. 5~7월에 보인다. 앞가슴등판에 검은색 점이 한 쌍 있다.

서울가시수염범하늘소 딱지날개 위쪽 무늬가 가시수염범하늘소와 다르다. 암컷은 마른 참나무류의 갈라진 틈에 산란한다.

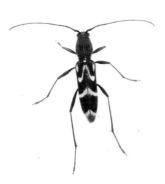 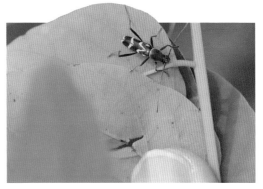

긴다리범하늘소 몸길이는 6~11mm, 전국적으로 분포하며 5~7월에 볼 수 있다.

긴다리범하늘소 애벌레로 월동하며 암컷은 다양한 나무의 껍질 틈새에 산란한다. 더듬이와 종아리마디가 갈색이라 다른 종과 구별된다. 크기를 짐작할 수 있다.

꼬마긴다리범하늘소 몸길이는 4~8mm, 전국적으로 분포하며 4~5월에 보인다. 암컷은 활엽수 고사목에 산란한다. 우리나라 범하늘소류 중 가장 작고 딱지날개 무늬도 독특해 구별된다.

측범하늘소 몸길이는 12~18mm, 전국적으로 분포하며 5~6월에 보인다.

측범하늘소 성충의 무늬는 노란색에서 회색까지 개체마다 차이가 있다.

측범하늘소 앞가슴등판은 노란색이며 딱지날개는 연한 노란색이다.

측범하늘소 전체적으로 연회색이다.

측범하늘소 암컷은 활엽수 고사목 나무껍질 틈새에 산란한다.

측범하늘소 온대림의 꽃이나 벌채목 등지에서 보인다. 크기를 짐작할 수 있다.

목하늘소아과(잎벌레상과 하늘소과)

우리나라에 20족 72속 151종이 서식합니다. 하늘소과 중에서 유일하게 머리가 수직으로 떨어지는 아과로 영어권에서는 이 때문에 'flat-faced longhorn beetles'라고 합니다. 종 수가 많아 생태도 다양합니다.

| 깨다시하늘소족 |

깨다시하늘소 몸길이는 10~17mm, 전국적으로 분포하며 5~8월에 보인다. 등에 깨알을 뿌린 듯, 검은색 작은 털 뭉치들이 흩어져 있다.

깨다시하늘소 주로 낮에 햇볕이 잘 드는 고사목이나 벌채목 등에서 활동한다. 밤에 불빛에 찾아들기도 한다.

깨다시하늘소 애벌레로 월동하며 암컷은 활엽수 고사목 표면에 상처를 내고 그 자리에 산란한다.

깨다시하늘소 암컷 수컷보다 더듬이가 짧고 몸이 넓적하다.

흰깨다시하늘소 몸길이는 10~18mm, 전국적으로 분포하며 5~8월에 자주 보인다.

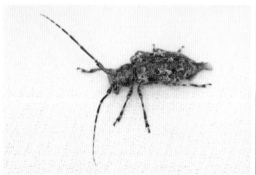
흰깨다시하늘소 밤에 불빛에도 잘 찾아든다.

흰깨다시하늘소 암컷은 활엽수와 침엽수를 가리지 않고 여러 고사목에 산란한다. 애벌레로 월동하며 1년에 1회 나타난다. 깨다시하늘소보다 등이 홀쭉하고 희끗희끗한 무늬가 많다.

흰깨다시하늘소가 밤에 짝짓기를 하고 있다.

흰깨다시하늘소 8월 말 한낮에 숲 바닥에서 만난 개체다.

| 오이하늘소족 |

흰가슴하늘소 몸길이는 10~14mm. 전국적으로 분포하며 5~8월에 보인다.

흰가슴하늘소 앞가슴등판이 흰색을 띠어 붙인 이름이다. 애벌레로 월동하며 암컷은 노박덩굴, 등나무, 하늘타리 등의 가지에 산란한다.

흰가슴하늘소 딱지날개 뒤쪽에 하얀색 띠무늬가 있고 각 다리의 넓적다리마디도 하얀색이라 쉽게 구별된다.

흰가슴하늘소 주로 낮에 활동하지만 밤에 불빛에도 찾아든다. 8월에 만난 모습이다.

남색초원하늘소 몸길이는 8~13mm, 전국적으로 분포하며 5~6월에 주로 보인다. 엉겅퀴, 개망초 등에서 활동하는 모습이 쉽게 보인다.

남색초원하늘소 암컷은 개망초, 쑥 등의 줄기에 턱으로 구멍을 내어 산란한다.

남색초원하늘소 애벌레로 월동하는데 성충이 되기까지 2~3년이 걸린다.

남색초원하늘소 몸은 푸른빛 광택이 나는 남색이며 더듬이 기부와 제3,4마디에 솜뭉치 같은 털이 뭉쳐난다.

남색초원하늘소가 풀줄기 위에서 짝짓기하고 있다.

초원하늘소 몸길이는 9~19mm다. 강원도, 경상북도 고산 초원 지대에 분포하며 6~7월에 보인다. 앞가슴등판에 노란색 세로 줄 무늬가 있다.

초원하늘소 애벌레로 월동하며 국화과나 산형과 식물이 기주식 물로 알려졌다.

| 곰보하늘소족 |

흰점곰보하늘소 몸길이는 7~10mm, 전국적으로 분포하며 5~8월에 보인다.

흰점곰보하늘소 애벌레로 월동하며 암컷은 보통 활엽수의 고사 목 나무껍질을 물어뜯어 산란하지만 가끔 침엽수에 산란하기도 한다.

흰점곰보하늘소 딱지날개 끝에 커다란 흰색 점이 있고 몸이 울퉁불퉁 얽어 있다.

흰점곰보하늘소 더듬이는 적갈색이며 기부가 매우 굵다. 중간중간 하얀 고리 무늬가 나타난다. 크기를 짐작할 수 있다.

흰점곰보하늘소 6월 초 계곡 주변의 풀잎 위에서 만난 개체다.

흰점곰보하늘소 암컷 딱지날개 끝에 작은 산처럼 생긴 돌기가 연이어 솟아 있다.

| 목하늘소족 |

우리목하늘소 몸길이는 24~35mm, 전국적으로 분포하며 5~8월에 보인다. 참나무류 밑동이나 벌채목에서 자주 관찰된다.

우리목하늘소의 크기를 짐작할 수 있다.

우리목하늘소 암수 암컷은 죽은 지 얼마 되지 않은 참나무류 밑동에 산란한다.

우리목하늘소 큰턱이 매우 발달했다. 앞에서 보면 '소'처럼 보인다.

우리목하늘소 주로 낮에 활동하며 크기도 크고 개체 수도 많아
자주 눈에 띈다.

우리목하늘소 밤에도 볼 수 있다. 초봄부터 벌채목 주변에서
보인다.

우리목하늘소 애벌레로 월동하며 애벌레에서 성충이 되기까지
보통 3~4년 걸린다.

북방수염하늘소 몸길이는 11〜19mm다. 경기, 강원, 충청, 경북 등에 분포하며 5〜8월에 보인다. 애벌레로 월동하며 잣나무재선충의 매개체로 알려져 있다.

북방수염하늘소 성충은 침엽수의 가느다란 가지에서 나무껍질을 갉아 먹으며, 암컷은 살아 있는 침엽수의 약해진 부분이나 죽은 지 얼마 안 된 침엽수에 턱으로 구멍을 뚫고 산란한다.

북방수염하늘소 암컷은 더듬이에 고리 무늬가 나타나지만 수컷은 전체가 검은색이다.

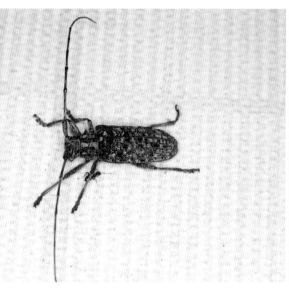

솔수염하늘소 몸길이는 18∼27mm, 제주와 남부지방에 서식하며 7∼8월에 보인다. 애벌레로 월동하며 소나무재선충의 매개체로 알려졌다.

솔수염하늘소 딱지날개에는 흰색, 황갈색, 암갈색의 작은 무늬가 불규칙하게 퍼져 있으며, 더듬이는 수컷은 몸길이의 2∼2.5배, 암컷은 1.5배가량이다.

솔수염하늘소가 소나무에 앉아 있다. 소나무 껍질과 몸 색이 매우 비슷하다.

솔수염하늘소 야행성이며 암컷은 침엽수 나무껍질에 턱으로 구멍을 내어 산란한다. 건강한 나무에는 산란하지 않는다고 한다.

점박이수염하늘소 전국에 서식하며
몸길이는 12~15mm, 5~8월에 보인다.
딱지날개 아래쪽에 하얀색 점이 2개 있
어 붙인 이름이다.

점박이수염하늘소 애벌레로 월동하며 암컷은
활엽수 고사목 나무껍질에 산란한다.

점박이수염하늘소 암컷 더듬이가 몸
길이의 약 1.5배다. 수컷은 더듬이가 몸
길이의 2배 이상 된다.

알락하늘소 몸길이는 25~35mm, 전국에 서식하며 6~8월에
보인다.

알락하늘소 앞가슴등판. 딱지날개는 광택이 나는 검은색이며 딱
지날개에 흰색 털 뭉치 15~16개가 점처럼 보인다.

알락하늘소 애벌레로 월동하며 암컷은 살아 있는 활엽수에 산
란한다. 암컷 한 마리가 보통 30~90개의 알을 낳는다고 한다.

알락하늘소 암컷 더듬이가 몸길이보다 약간 길다. 수컷보다는
짧다.

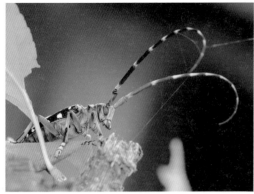

알락하늘소 수컷 더듬이가 몸길이보다 훨씬 더 길다.

알락하늘소 암수 오른쪽 큰 개체가 암컷이다.

알락하늘소 얼굴 정면 더듬이와 큰턱이 매우 발달했다.

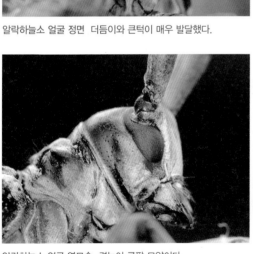

알락하늘소 얼굴 옆모습 겹눈이 콩팥 모양이다.

백강균에 감염된 알락하늘소

382

큰우단하늘소 몸길이는 20~36mm, 전국에 서식하며 6~9월에 보인다. 암컷은 두릅나무, 음나무 등의 약한 부분에 산란한다.

큰우단하늘소 짝짓기 작은 개체가 수컷이다. 더듬이가 훨씬 길다. 8월 초에 관찰한 모습이다.

큰우단하늘소 딱지날개의 무늬가 작은우단하늘소나 우단하늘소와 다르다.

큰우단하늘소 딱지날개가 우단 같은 털로 덮여 있으며 검은색과 누런색의 넓은 가로띠가 번갈아 나타난다. 털이 빠져서 무늬가 뚜렷하지 않은 개체도 있다.

우단하늘소와 다른 점이다.

작은우단하늘소 몸길이는 15~20mm, 전국에 서식하며 6~8
월에 보인다.

작은우단하늘소 딱지날개에 검은색 얼룩무늬가 있고 더듬이 제
1~4마디의 모양이 우단하늘소와 다르다.

작은우단하늘소 암컷은 활엽수에 산란한다. 성충은 활엽수 새순이나 잎을 먹는다고 한다. 낮에 활동하지만 밤에 불빛에도 날아온다.

우단하늘소(추정) 작은우단하늘소와 비슷하게 생
겨 구별이 어렵다. 몸길이는 12~25mm다. 딱지날
개의 검은색 얼룩무늬와 더듬이의 생김새로 구별
한다는데 역시 정확하지 않다.

화살하늘소 몸길이는 15~25mm, 전국에 서식하며 6~8월에 보인다. 딱지날개 끝이 화살 모양이다. 더듬이 제1마디는 다른 마디들
보다 아주 굵다.

화살하늘소 더듬이가 몸길이의 2배 이상이다. 딱지날개에 얼룩
무늬와 쐐기 무늬가 나타난다.

화살하늘소 암컷 더듬이가 몸길이의 약 2배이지만 수컷보다는
짧다. 배가 통통하고 위에서 보면 수컷보다 넓다. 애벌레로 월동
하며 암컷은 활엽수 중 약한 나무에 산란한다.

 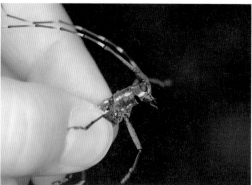

울도하늘소 몸길이는 14~30mm, 6~8월에 주로 보인다. 앞가슴등판과 딱지날개에 노란색 줄무늬와 점이 있어 화려하다. 암컷은 뽕나무와 무화과나무 등에 산란한다.

울도하늘소 서울의 한 생태공원에서 만난 개체다.

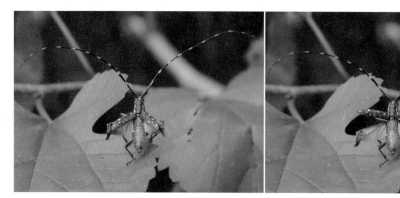

울도하늘소 비행 울도하늘소가 날기 위해 딱지날개를 열자 그물질의 속날개와 진한 노란색의 배가 보인다.

울도하늘소 울릉도에서 처음 채집되어 울도하늘소라고 하며, 울릉도하늘소라고도 한다. 자료에 따르면 울릉도와 강원도, 경상도 일부 지역에서 보인다고 하지만 필자는 충청도 속리산 입구에서 11월 5일에 관찰했다. 개체 수가 적어 멸종위기 야생동식물 2급으로 지정되었으나 최근에 개체 수가 많이 보여 해제되었다.

뽕나무하늘소 몸길이는 35~45mm, 전국에 서식하며 7~9월에 보인다. 주로 뽕나무의 가느다란 가지에 붙어 나무껍질을 갉아 먹고 산란도 한다.

뽕나무하늘소가 뽕나무 가지를 갉아 먹은 흔적

| 털두꺼비하늘소족 |

털두꺼비하늘소 몸길이는 19~25mm, 전국에 서식하며 3~10
월에 주로 보인다.

털두꺼비하늘소 암컷 보통 때는 안 보이는 산란관이 삐죽 나와
있다.

털두꺼비하늘소 암컷 딱지날개 앞 양쪽에 커다란 털 뭉치가 두
개 있고 몸 여기저기에도 작은 털 뭉치들이 있어 등이 우툴두툴
하게 보여 붙인 이름이다.

털두꺼비하늘소 어깨 쪽 털 뭉치가 뚜렷하다.

388

털두꺼비하늘소 짝짓기 암컷은 죽은 지 얼마 되지 않은 활엽수에 산란한다.

털두꺼비하늘소 낮에도 활동하며 밤에도 보인다.

털두꺼비하늘소 아랫면 색이 화려하다. 몸 윗면이 보호색이라면 아랫면은 경고색이다.

털두꺼비하늘소 겹눈이 콩팥 모양이다.

털두꺼비하늘소 성충으로 월동하며 이른 봄부터 활동한다.

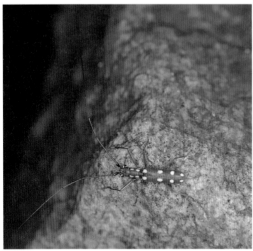

염소하늘소 몸길이는 8~12mm, 전국에 살며 5~8월에 보인다.

염소하늘소 한낮에 활엽수 잎에 붙어 있으며 밤에 불빛을 찾아 날아오기도 한다.

염소하늘소 더듬이가 매우 길며 앞가슴등판 가장자리에 길쭉한 하얀색 무늬가 있다. 딱지날개엔 하얀색 점무늬가 4쌍 있다. 애벌레로 월동하며 암컷은 산사나무, 아그배나무 등에 산란한다.

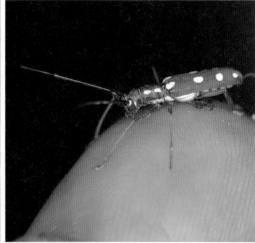

염소하늘소 겹눈 주변이 하얀색이다.

점박이염소하늘소 한낮엔 주로 뽕나무 잎 뒷면에서 잎을 갉아 먹는다. 뽕나무잎 뒷면에 붙어 있다.

점박이염소하늘소 몸길이는 12~13mm, 전국에 살며 6~8월에 자주 보인다.

점박이염소하늘소 딱지날개에 검은색 점 6개가 있어 흰염소하늘소나 테두리염소하늘소와 구별된다.

점박이염소하늘소 이름처럼 머리와 앞가슴등판, 딱지날개에 검은색 점무늬가 박혀 있다. 몸은 검은색인데 하얀색 부드러운 털이 몸을 덮고 있어 전체적으로 하얀색으로 보인다.

점박이염소하늘소 짝짓기 암컷은 뽕나무 가지의 약한 부분에 산란한다. 7월에 관찰한 모습이다.

무늬곤봉하늘소 몸길이는 5~9mm, 전국에 살며 4~7월에 보인다. 딱지날개 가운데쯤 굵고 넓은 검은색 띠가 있으며 각 다리의 넓적다리마디는 알통 다리다.

무늬곤봉하늘소 성충으로 월동하며 이른 봄부터 활동한다. 암컷은 활엽수 고목에 구멍을 뚫고 산란한다. 5월 말 아침, 계곡 주변에서 만났다. 움직이지 않고 계속 그 자리에서 햇볕을 쬐고 있다.

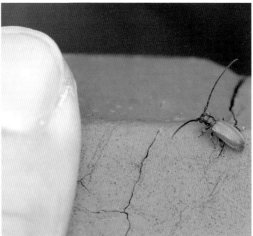

통하늘소 몸길이는 5~7mm, 전국에 살며 5~7월에 보인다. 애벌레로 월동하며 암컷은 뽕나무의 시든 가지나 말라 죽은 가지에 산란한다.

통하늘소의 크기를 짐작할 수 있다.

새똥하늘소 몸길이는 6∼8mm, 전국에 살며 2∼7월에 보인다.

새똥하늘소 국내 서식 하늘소 중 가장 먼저 활동하는 것으로 알려졌다.

새똥하늘소 성충으로 월동하며 두릅나무에서 주로 보인다. 몸 무늬가 새똥처럼 보인다.

새똥하늘소 추울 때부터 활동해서인지 온몸에 부드러운 털이 잔뜩 덮여 있다.

새똥하늘소 짝짓기 주로 이른 봄에 두릅나무에서 이루어진다.
암컷은 짝짓기 후 두릅나무에 산란한다. 애벌레는 가을쯤 성충
이 된 뒤 그 상태로 월동한다.

새똥하늘소 각 다리의 넓적다리마디가 알통 다리이며 딱지날
개 끝에 가시 같은 돌기가 있다.

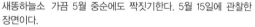

새똥하늘소 가끔 5월 중순에도 짝짓기한다. 5월 15일에 관찰한
장면이다.

줄콩알하늘소 몸길이는 5〜7mm. 전국에 살며 5〜8월에 보인다. 암컷은 짝짓기 후 두릅나무에 산란한다. 애벌레는 가을쯤 성충이
된 뒤 그 상태로 월동한다.

| 곤봉수염하늘소족 |

북방곤봉수염하늘소 몸길이는 12〜21mm, 전국에 살며 5〜8월에 보인다. 암컷의 산란관이 몸 밖으로 나와 있다. 암컷은 침엽수 고사목에 산란한다. 밤에 불빛에 잘 날아온다.

| 긴하늘소족 |

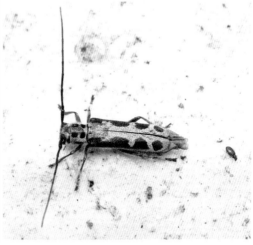

노란팔점긴하늘소 몸길이는 11〜15mm, 전국에 살며 5〜8월에 보인다. 전체적으로 노란색이며 딱지날개에 검은색 점이 8개 있다. 애벌레로 월동하며 암컷은 다래덩굴에 산란한다.

무늬박이긴하늘소 몸길이는 9〜12mm, 전국에 살며 5〜8월에 보인다. 애벌레로 월동하며 암컷은 소나무, 전나무, 잎갈나무 등의 고사목이나 가지에 산란한다.

녹색네모하늘소 몸길이는 12~17mm 다. 경기, 강원, 경북, 제주에서 관찰 기록이 있다. 5~8월에 보인다.

녹색네모하늘소 네모하늘소와 색은 비슷하지만 딱지날개와 앞가슴등판에 있는 무늬가 다르다. 성충으로 월동하며 암컷은 다양한 활엽수 고사목에 산란한다.

녹색네모하늘소 밤에 불빛에 잘 찾아든다. 개체마다 색깔 차이가 있다.

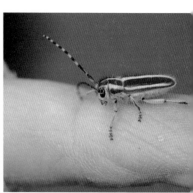

삼하늘소 몸길이는 10~15mm, 전국에 살며 5~7월에 보인다. 성충이 쑥, 삼 등을 갉아 먹어 붙인 이름이다.

쑥잎 위에 앉아 있는 삼하늘소

삼하늘소의 크기를 짐작할 수 있다.

삼하늘소 앞가슴등판, 딱지날개 가운데와 가장자리로 흰색 줄이 나타난다.

삼하늘소 암컷은 삼이나 쑥 등에 산란하며 애벌레로 월동한다. 주로 낮에 활동하며 온몸에 부드러운 하얀색 털이 덮여 있다.

당나귀하늘소 몸길이는 8~11mm, 전국에 살며 5~7월에 보인다. 애벌레로 월동하며 암컷은 활엽수 가지의 나무껍질 틈새에 산란한다.

당나귀하늘소 주로 낮에 활동하지만 밤에 불빛에 날아오기도 한다. 개체마다 색깔 차이가 있다.

모시긴하늘소 모시풀, 무궁화 등에서 보인다.
이전에 무궁화하늘소라고 불렸다.

모시긴하늘소 앞가슴등판에 동그란 검은색 점 2개가 특징이다. 몸길이는 9~13mm, 주로 남부지방에 서식하지만 드물게 경기와 강원에서도 보인다. 5~7월에 보인다.

국화하늘소 몸길이는 6~9mm, 전국에 살며 4~5월에 보인다.
앞가슴등판에 주황색 점무늬가 있다. 없는 개체도 있다. 성충이
대부분의 시간을 국화과 식물에서 보내 붙인 이름이다. 먹이 활
동, 짝짓기, 산란도 이곳에서 이루어진다.

국화하늘소가 개망초에서 잠을 자고 있다. 성충으로 월동한다.

국화하늘소가 식물 줄기에 알을 낳고 나면 알 자리 윗부분은 서
서히 시들어 간다.

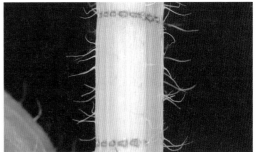

국화하늘소 짝짓기

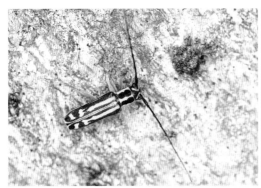

국화하늘소 암컷은 살아 있는 국화과 식물에 가로로 상처를 내고 산란한다.

국화하늘소가 개망초 줄기에 산란한 자리

노랑줄점하늘소 몸길이는 8~11mm, 전국에 살며 5~8월에 보인다. 딱지날개에 노란색 줄과 점무늬가 있다. 개체마다 차이가 있다. 주로 낮에 활동하지만 밤에 불빛에 찾아들기도 한다.

노랑줄점하늘소 암컷은 자귀나무, 붉나무 등 고사목 나무껍질에 산란한다고 알려졌다. 애벌레로 월동한다.

홀쭉사과하늘소 몸길이는 15~19mm, 전국에 살며 6~8월에 보인다. 이름처럼 몸이 홀쭉하다.

홀쭉사과하늘소 겹눈이 콩팥 모양이다. 애벌레로 월동하며 암컷은 노박덩굴의 살아 있는 가지에 산란한다.

통사과하늘소 몸길이는 15~19mm, 전국에 살며 5~6월에 주로 보인다.

통사과하늘소 조팝나무, 인동덩굴 등이 기주식물이다. 가슴등판 양쪽에 검은색 점무늬가 하나 있다.

● 잎벌레과(잎벌레상과)

잎벌레는 딱정벌레목 잎벌레상과 잎벌레과에 속하는 곤충으로 크기, 모양, 색상이 매우 다양하고, 다음과 같은 특징이 있습니다.

1. 머리는 돌출되지 않고 겹눈이 잘 발달되었다.
2. 입틀은 씹는 저작형이다.
3. 더듬이는 몸길이보다 길지 않으며 가늘고 실 모양이다.
4. 더듬이는 대부분이 11마디이지만 10마디도 있다.
   마지막 마디는 곤봉 모양으로 약간 부풀어 있다.
5. 대부분 딱지날개 속에 뒷날개가 있지만 일부 종은 퇴화되었다.
6. 하늘소처럼 몸이 가늘고 길게 생긴 것, 무당벌레처럼 동그랗게 생긴 것,
   가늘고 긴 가시로 덮인 것 등 형태가 다양하다.

과명	아과명	종명
잎벌레과	콩바구미아과	팥바구미, 알락콩바구미 등
	뿌리잎벌레아과	벼뿌리잎벌레, 암수다른뿌리잎벌레 등
	긴가슴잎벌레아과	열점박이잎벌레, 적갈색긴가슴잎벌레 등
	남생이잎벌레아과	모시금자라남생이잎벌레, 청남생이잎벌레 등
	잎벌레아과	사시나무잎벌레, 청줄보라잎벌레 등
	긴더듬이잎벌레아과	장수잎벌레, 파잎벌레 등
	벼룩잎벌레아과	왕벼룩잎벌레, 점날개잎벌레 등
	반짝잎벌레아과	두릅나무잎벌레, 반짝잎벌레 등
	통잎벌레아과	넉점박이큰가슴잎벌레, 밤나무잎벌레 등
	곱추잎벌레아과	사과나무잎벌레, 중국청람색잎벌레 등
	통가슴잎벌레아과	통가슴잎벌레

콩바구미아과(잎벌레상과 잎벌레과)

콩바구미아과에는 팥바구미, 알락콩바구미 등 대부분 1센티미터 미만의 작은 곤충들이 많습니다. 많은 종들이 곡식인 콩, 팥 등의 종자를 먹는 것으로 알려졌습니다.

팥바구미 몸길이는 3.5mm 내외로 1년에 수차례 보인다. 적갈색 몸에 짧은 회색 털이 덮여 있으며 가슴판에 황백색의 긴 무늬가 있다. 딱지날개에도 길쭉한 흰색 무늬가 있다.

팥바구미 수컷 애벌레는 팥 열매 속을 먹으면서 성장하고 팥 속에서 월동한다. 성충 수컷의 더듬이는 빗살 모양이며 암컷은 톱니 모양이다.

완두콩바구미 몸길이는 4~5mm, 애벌레와 성충 모두 완두콩만 먹는 단식성 바구미다.

뿌리잎벌레아과(잎벌레상과 잎벌레과)

생김새는 긴가슴잎벌레아과와 비슷하지만 배마디 길이가 다릅니다. 첫째 배마디가 아주 길어 나머지 배마디를 합친 것과 비슷하거나 더 깁니다. 다른 잎벌레들은 각 배마디 길이가 비슷하고요. 보통 몸길이는 6~11밀리미터이며 몸 색깔은 광택이 나는 어두운 구릿빛이나 초록빛 또는 자줏빛을 띕니다. 같은 종이라도 개체마다 차이가 있습니다. 성충과 애벌레 모두 다양한 수생 또는 반수생 식물을 먹고 삽니다.

암수다른뿌리잎벌레 몸길이는 8~9mm, 5~8월에 주로 보인다. 앞가슴등판에 가로나 세로로 골이 없고 점각이 촘촘히 있는 것과 뒷다리의 넓적다리마디에 가시가 없는 것 등으로 비슷하게 생긴 렌지잎벌레, 벼뿌리잎벌레와 구별된다.

암수다른뿌리잎벌레 암수 푸른빛을 띤 개체가 수컷이다. 7월 중
순에 관찰한 장면이다.

암수다른뿌리잎벌레 부들 잎을 갉아 먹은 것으로 보인다. 몸은
전체적으로 청동빛을 띤 광택이 있다. 다리 전체 또는 일부만 갈
색을 띤다. 딱지날개에 점으로 이루어진 세로 홈이 뚜렷하다.

암수다른뿌리잎벌레 짝짓기는 보통 5~7월에 하는데 8월에도 짝
짓기하는 모습이 보인다. 1년에 2세대가 나타난다는 정보는 없다.
수컷의 더듬이가 암컷보다 길다. 주로 낮에 활동하지만 밤에 불빛
에 찾아들기도 한다.

렌지잎벌레 비슷하게 생긴 벼뿌리잎
벌레와는 뒷다리의 넓적다리마디 가시
돌기 수로 구별한다. 이 녀석은 3개(동
그라미 친 부분), 벼뿌리잎벌레는 1개가
있다.

렌지잎벌레 몸길이는 5~6.5mm, 5~6월에 많
이 보인다. 성충은 수채나 수련 등 물 위 식물을
먹으며 애벌레는 뿌리를 먹는다고 알려졌다.

렌지잎벌레 짝짓기 7월 8일 어리연꽃
잎 위에서 관찰했다.

긴가슴잎벌레아과(잎벌레상과 잎벌레과)

이름처럼 가슴과 몸이 길쭉합니다. 성충과 애벌레 모두 참나리나 닭의장풀, 백합 등과 같은 외떡잎식물을 먹는 종이 많습니다. 몸길이는 보통 3~9밀리미터이며 딱지날개에 점각이 줄지어 규칙적으로 나타납니다. 다른 곤충의 무늬를 흉내 내거나 비행, 소리 내기, 화학물질 분비, 배설물 묻히기 등 다양한 방어 전략을 펼친다고 알려졌습니다.

배노랑긴가슴잎벌레 몸길이는 5~6.5mm, 배 끝이 노란색이다.

배노랑긴가슴잎벌레 성충은 주로 한여름에 활동하며 가을에 휴면에 들어 월동한다. 암컷은 5~7월에 잎 뒷면에 산란한다. 몸은 푸른빛을 띤 검은색 광택이 난다.

배노랑긴가슴잎벌레 1년에 1회 나타나며 먹이식물은 닭의장풀 종류다.

닭의장풀 잎 위에 적갈색긴가슴잎벌레와 배노랑긴가슴잎벌레가 앉아 있다.

적갈색긴가슴잎벌레 몸길이는 5~6mm다. 먹이식물인 닭의장
풀에 앉아 있다. 애벌레도 닭의장풀을 먹는다. 애벌레는 땅속으
로 들어가 번데기가 되며 1년에 2~3회 나타난다.

적갈색긴가슴잎벌레 배노랑긴가슴잎벌레와 비슷하지만 머리가
적갈색이다. 딱지날개는 개체마다 차이가 있다.

열점박이잎벌레 몸길이는 4~6mm. 갈색의 딱지날개에 검은색
점 10개가 있다. 이 무늬는 개체마다 차이가 있다. 성충으로 월
동하며 구기자나무 잎을 먹는다.

열점박이잎벌레 애벌레 성충처럼 애벌레도 구기자나무 잎을 먹
는다.

열점박이잎벌레 등에 점무늬가 없는 개체다.

열점박이잎벌레 암컷은 4~5월에 알을 10개씩 두 줄로 낳는다.
애벌레는 5월 말 땅속으로 들어가 번데기가 된다. 1년에 4번 나타
나는 것으로 추정된다.

점박이큰벼잎벌레 딱지날개는 황갈색 이며 크기가 다른 검은색 점 두 쌍이 있다. 몸길이는 5~6mm다.

점박이큰벼잎벌레 성충으로 월동하며 4월부터 보인다. 참마 잎을 먹는다.

점박이큰벼잎벌레 암컷은 5월쯤 참마 잎에 산란한다. 4주 후 애벌레는 땅속으로 들어가 번데기가 된다. 1년에 1회 나타난다.

주홍배큰벼잎벌레 몸길이는 6~8mm. 앞다리의 넓적다리마디가 붉은 것이 붉은가슴잎벌레와 다르다. 머리와 앞가슴등판은 광택 있는 적갈색이며 딱지날개는 광택 있는 남색이다.

주홍배큰벼잎벌레 배가 주홍색라 붙인 이름이다. 비슷하게 생긴 붉은가슴잎벌레는 배가 검은색이다.

주홍배큰벼잎벌레 짝짓기 나무껍질 밑에서 성충으로 월동하며 환삼덩굴이 먹이식물로 알려졌다. 6월에 관찰한 모습이다.

주홍배큰벼잎벌레 딱지날개에 점각으로 이루어진 세로 홈이 뚜렷하다.

408

붉은가슴잎벌레 몸길이는 5~6mm 다. 비슷하게 생긴 주홍배큰벼잎벌레 와 다르게 배가 검은색이다. 가슴이 붉은색이라 붙인 이름이다.

붉은가슴잎벌레 참마 새순과 잎을 먹는다.

붉은가슴잎벌레 딱지날개는 광택이 나는 흑청색이며 머리와 앞가슴등판은 붉은색이다. 애벌레는 점액질의 분비물 을 등에 덮고 생활한다. 성충으로 월동 하며 4월 중순쯤 1년에 1회 나타난다.

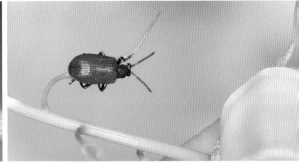

주홍긴가슴잎벌레 몸길이는 6~9mm다. 6월 초 계곡 주변의 마 줄기에서 만난 개체. 백합긴가슴잎벌레와 비슷하지만 다 리 색이 다르다.

주홍긴가슴잎벌레 크기를 짐작할 수 있다. 이전에 곰보날개긴가슴잎벌레로 잘못 알려졌던 종이다.

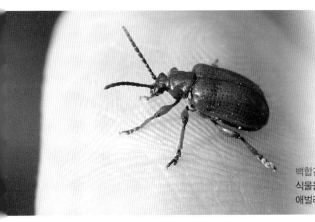

백합긴가슴잎벌레 몸길이는 7~8mm다. 참나리, 백합 등 백합과 식물을 먹어 붙인 이름이다. 성충으로 월동하며 4월부터 보인다. 애벌레는 땅속에서 번데기가 되고 1년에 1회 나타난다.

고려긴가슴잎벌레 몸길이는 8mm 내외다. 비슷하게 생긴 붉은가슴잎벌레나 주홍배잎벌레와 달리 머리가 검은색이다. 전국적으로 분포하며 자세한 생활사는 알려지지 않았다.

고려긴가슴잎벌레 6∼8월에 주로 보인다.

북방긴가슴잎벌레 몸길이는 3∼5mm, 앞가슴등판에 있는 세로 점각렬이 특징이다. 5∼7월에 보이며 기주식물은 아직 알려지지 않았다.

남생이잎벌레아과(잎벌레상과 잎벌레과)

우리나라 토종 거북인 남생이처럼 등이 넓적하고 볼록해서 붙인 이름입니다. 딱지날개가 긴 타원형으로 크고 넓으며 앞가슴등판 가장자리도 무척 넓어서 위에서 보면 머리와 다리가 보이지 않습니다. 이 모습이 남생이를 닮았습니다.

　발바닥에 털이 많고 기름 같은 분비물이 묻어 있어 잎에서 잘 떨어지지 않습니다. 성충은 화려한 무늬나 색을 띤 종이 많아서 눈에 잘 띕니다. 그만큼 천적도 많지요. 성충 중에 몸 색을 바꾸는 위장술을 펼치는 종도 있으며, 애벌레는 자신의 똥이나 허물을 등에 짊어지고 다니면서 스스로를 보호합니다.

금자라남생이잎벌레　몸길이는 7~8mm. 이름처럼 금빛이 찬란한 잎벌레다.

금자라남생이잎벌레　성충으로 월동하며 4월부터 활동한다. 5월과 8월에 2회 산란한다. 애벌레는 메꽃잎을 먹는다.

모시금자라남생이잎벌레　7월 말에 관찰한 모습이다. 딱지날개 봉합선 윗부분이 튀어나와 있어 비슷하게 생긴 금자라남생이잎벌레와 구별된다.

청남색이잎벌레 몸길이는 6~7mm, 몸 색깔은 개체마다 차이가 심하다. 적갈색형, 황갈색형 등 변이가 많다. 5~7월에 주로 쑥에서 많이 보인다.

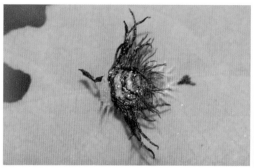

민남색이잎벌레 애벌레 5~7월에 보이며 허물과 배설물을 지고 다닌다.

민남색이잎벌레(황갈색형) 딱지날개에 불규칙한 점각이 나타난다. 더듬이는 윗부분 5마디가 검은색이며 나머지는 몸 색과 비슷하다. 앞가슴등판 뒤쪽이 살짝 튀어나왔고, 딱지날개와 맞닿은 부분이 물결 모양을 이룬다.

민남색이잎벌레 딱지날개에 강하지 않은 점각이 있고 미세한 털로 덮여 있어 부드러워 보인다.

민남색이잎벌레 햇빛을 받으면 금색으로 보인다.

민남생이잎벌레 적갈색형으로 추정되는 개체다.

민남생이잎벌레들이 쑥을 먹고 있다.

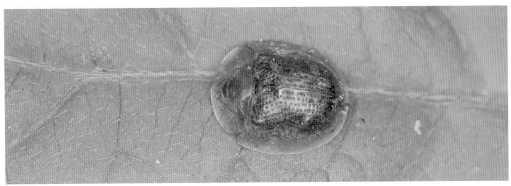

남생이잎벌레 몸길이는 6～7mm. 성충으로 월동하며 4월부터 보인다. 명아주가 먹이식물이다. 딱지날개 앞부분이 넓어 앞가슴등판을 감싸는 듯하다. 점각이 크고 세로 융기선도 보인다.

엑스자남생이잎벌레 몸길이는 5～6mm다. 딱지날개 가운데에 금백색의 투명한 X 자 모양의 돌기가 뚜렷하다.

엑스자남생이잎벌레 5～9월에 보이며 벚나무, 사과나무, 배나무 등이 먹이식물이다.

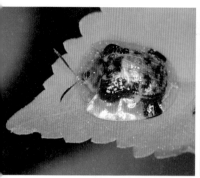

큰남생이잎벌레 몸길이는 7~9mm, 남생이잎벌레류 중에서 가장 크다.

큰남생이잎벌레의 크기를 짐작할 수 있다.

큰남생이잎벌레 몸 윗면은 삿갓 모양으로 부풀어 있고 아랫면은 납작하다.

큰남생이잎벌레 애벌레 자기 허물과 배설물을 등에 지고 다닌다. 4령을 거친 후 배설물 덩어리를 뒤집어쓴 채 작살나무 잎에서 번데기가 된다.

큰남생이잎벌레 애벌레가 작살나무 잎을 먹고 있다.

큰남생이잎벌레 애벌레

큰남생이잎벌레 성충

큰남생이잎벌레 애벌레와 성충

큰남생이잎벌레 짝짓기 5월에 주로 보이는 장면이다.

루이스큰남생이잎벌레 몸길이는 5~7mm, 성충으로 월동하며 5월에 많이 보인다. 암컷은 쇠물푸레나무 잎 뒷면에 갈색 주머니에 싸인 알을 낳는다.

루이스큰남생이잎벌레 꽃가루를 잔뜩 뒤집어쓰고 있다. 1년에 1회 나타난다.

루이스큰남생이잎벌레 아랫면

큰남생이잎벌레(위)와 루이스큰남생이잎벌레(아래) 크기 비교

루이스큰남생이잎벌레가 물푸레나무의 잎을 먹은 흔적

루이스큰남생이잎벌레 딱지날개 앞쪽이 움푹 파였다.

꼽추남생이잎벌레 몸길이는 4〜7mm, 5〜6월에 활동한다. 사위질빵, 할미밀망, 갯메꽃이 기주식물로 알려졌다. 딱지날개는 검은색 또는 흑갈색이며 울퉁불퉁하다.

꼽추남생이잎벌레의 크기를 짐작 할 수 있다.

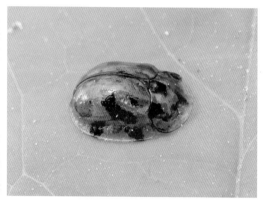

꼽추남생이잎벌레 아랫면 배 아랫면은 검은색 또는 흑갈색이다.

남생이잎벌레붙이 몸길이는 4〜5mm, 5〜9월에 보인다. 아직 생태에 대해 알려진 게 없다.

남생이잎벌레붙이 메꽃과 고구마가 기주식물이다. 크기를 짐작할 수 있다.

남생이잎벌레붙이 여느 남생이잎벌레들과 색과 무늬가 많이 다르다. 적갈색 또는 연노랑 바탕에 검은색 무늬가 많아 언뜻 무당벌레처럼 보이기도 한다.

예전에는 가시잎벌레류를 가시잎벌레아과로 따로 분류했으나 최근에는 남생이잎벌레아과의 한 족(가시잎벌레족)으로 분류하고 있어 이에 따랐습니다.

안장노랑테가시잎벌레 몸길이는 4~5mm, 몸이 말안장처럼 생겨 붙인 이름이다.

안장노랑테가시잎벌레 몸 가장자리를 따라 삼각형의 가시 돌기가 있다. 더듬이는 노란색이며 끝부분이 진하다. 전체적으로 검은색이지만 배 부분은 적갈색이다.

노랑테가시잎벌레(=큰노랑테가시잎벌레) 몸길이는 4~5mm. 큰노랑테가시잎벌레와 동물이명同物異名이다. 성충은 4~7월에 보인다. 몸을 따라 연한 노란색 테가 있고 가시 같은 돌기가 몸 윗면에 가득하다.

사각노랑테가시잎벌레 몸길이는 4~5mm, 5~6월에 보인다.

사각노랑테가시잎벌레 졸참나무가 기주식물이다. 크기를 짐작할 수 있다.

사각노랑테가시잎벌레 앞가슴등판 앞쪽에 2개, 옆쪽에 3개씩 가시가 있으며 딱지날개에 뾰족한 돌기가 많이 나 있다.

사각노랑테가시잎벌레 아랫면 딱지날개 뒤쪽의 가시 모양이 안장노랑테가시잎벌레와 다르다.

잎벌레아과(잎벌레상과 잎벌레과)

등이 볼록하고 무늬가 다양해 무당벌레처럼 보이기도 합니다. 보통 몸길이가 5밀리미터 이상이며 잎벌레 가운데 중대형에 속합니다. 이 아과에 속한 잎벌레는 쌍떡잎식물만 먹으며, 아직 외떡잎식물을 먹는 종은 보고되지 않았다고 합니다.

사시나무잎벌레 몸길이는 10~12mm, 포플러잎벌레, 황철나무 잎벌레라고도 한다.

사시나무잎벌레의 크기를 짐작할 수 있다.

사시나무잎벌레 성충과 애벌레 모두 포플러, 사시나무, 황철나무, 버드나무 등의 잎을 먹는다. 성충으로 월동하며 4월부터 보인다.

사시나무잎벌레 애벌레 버드나무 잎을 먹고 있다.

사시나무잎벌레 막 날개돋이를 하고 있다. 5월 말쯤 볼 수 있는 장면이다.

사시나무잎벌레 몸 윗면은 적갈색, 황갈색 등 체색 변이가 있지만 아랫면은 검은색이다.

사시나무잎벌레 짝짓기 과정

사시나무잎벌레 짝짓기 짝짓기 모습은 4월부터 볼 수 있다.

420

녹보라잎벌레(*Chrysomela salicivorax* Fairmaire, 1888) 몸길이는 6.5∼8.5mm다. 몸길이 외에 생태 정보가 없다. 4월 13일 강원도 오대산에서 만난 개체다.

버들잎벌레 황갈색 딱지날개에 검은색 얼룩점 10개가 있는 개체가 많지만 개체마다 색과 무늬 변이가 심하다.

버들잎벌레 몸길이는 6∼9mm. 버드나무가 먹이식물이라 붙인 이름이다.

버들잎벌레 버드나무에서 4월부터 보이기 시작한다.

버들잎벌레 짝짓기 4월 초부터 볼 수 있다.

버들잎벌레 짝짓기 이미 짝짓기를 하는 암수 사이로 수컷 한 마리가 들어와 방해하고 있다.

버들잎벌레 버드나무에서 먹이 활동도 하고 짝짓기도 한다. 밤에도 버드나무에서 볼 수 있다.

버드나무 가지에 낳은 버들잎벌레 알

버드나무 잎 뒷면에 낳은 버들잎벌레 알

버들잎벌레 애벌레가 막 알에서 나오려고 한다.

갓 부화한 버들잎벌레 애벌레

버들잎벌레 애벌레 버드나무 잎을 갉아 먹고 있다.

버들잎벌레 번데기

버들잎벌레가 번데기를 만들고 있다.

버들잎벌레가 막 날개돋이를 하고 있다.

날개돋이 직후의 버들잎벌레

날개돋이 후 버들잎벌레 아직 본래 색
이 나타나지 않았다.

호두나무잎벌레 몸길이는 7~8mm다. 호두나무, 가래나무 등에서 생활하여 붙인 이름이다.

호두나무잎벌레 이른 봄부터 볼 수 있으며 성충의 몸이 납작하다.

호두나무잎벌레 앞가슴등판 옆이 적갈색을 띠는 개체도 있다.

호두나무잎벌레 새로 난 가래나무 잎에 몸을 숨기고 있다. 성충으로 월동한다.

호두나무잎벌레 암컷 배가 부른 상태일 때 천적의 공격을 가장 많이 받는다. 남생이무당벌레가 대표적인 천적으로 알려졌다.

호두나무잎벌레 호두나무 잎을 먹고 있다.

호두나무잎벌레 가래나무 잎에 모여 잎을 먹고 있다. 개체마다
색깔 차이가 있다.

호두나무잎벌레 애벌레 5월 말에서 6월쯤 번데기가 된다. 1년에
1회 나타난다.

호두나무잎벌레 번데기 먹이
식물 잎에 번데기를 만든다.

호두나무잎벌레 번데기와 날개돋이

버들꼬마잎벌레 몸길이는 3~4mm, 몸은 타원형이며 광택이　버들꼬마잎벌레 크기를 짐작할 수 있다.
있는 흑청색이다.

버들잎벌레 알

버들꼬마잎벌레

버들꼬마잎벌레　버들잎벌레 알 근처에서 짝짓기를 하고 있다.

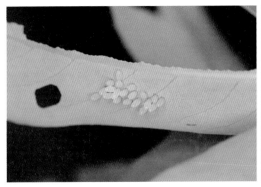

버드나무 잎 뒷면에 있는 버들꼬마잎벌레 알 애벌레는 2회 탈
피 후 잎에서 번데기가 된다.

버들꼬마잎벌레 짝짓기 1년에 5~6회 나타난다.

참금록색잎벌레

참금록색잎벌레 몸길이는 6~8mm. 먹이식물은 오리나무다.
5~9월까지 보인다. 개체마다 색깔 차이가 있다.

참금록색잎벌레 짝짓기

남색잎벌레 몸길이는 5∼6mm로 6월에 만난 개체다. 몸은 광택이 나는 녹색이다. 남색 개체도 있다.

좀남색잎벌레 몸길이는 5∼6mm다. 성충으로 월동하며 이른   좀남색잎벌레 알
봄에 깨어나 소리쟁이, 수영, 여뀌 등의 잎을 먹는다.

막 부화한 좀남색잎벌레 애벌레

좀남색잎벌레의 크기를 짐작할 수 있다.

좀남색잎벌레가 먹은 소리쟁이 잎

좀남색잎벌레 애벌레 먹이식물 잎에서 무리 지어 생활하며 2회 탈피 후 번데기가 되기 전에 땅속으로 들어간다.

좁은가슴잎벌레 몸길이는 3~4mm다. 십자화과의 무, 배추, 고추냉이 등이 기주식물이다. 성충으로 월동하며 1년에 2~3회 나타난다.

좁은가슴잎벌레가 먹은 열무 떡잎

쑥잎벌레 몸길이는 7~10mm다. 쑥을 먹고 살아 붙인 이름이다. 쑥이나 쑥부쟁이 등에서 주로 보인다. 몸은 타원형이며 광택이 나는 구릿빛이거나 흑청색이다.

쑥잎벌레 짝짓기 성충은 4~11월에 보인다. 암컷은 10~12월에 먹이식물의 뿌리 근처에 가늘고 긴 알을 낳는다.

청잎벌레(*Chrysolina nikolskyi stschanica*) 5월 25일 강원도 선자령에서 만났다. 생태 정보가 없지만 참고용으로 싣는다.

청잎벌레 8월 27일 강원도 대암산에서 만났다.

청잎벌레 8월 17일 경기도 가평 강씨봉에서 만났다. 크기를 짐작할 수 있다.

청줄보라잎벌레 몸길이는 11~15mm, 잎벌레아과 중에서 가장 크며 금녹색을 띤 몸이 길쭉하다. 층층이꽃, 들깨, 쉽싸리 등이 기주식물로 알려졌다.

청줄보라잎벌레 몸 윗면에 큰 점 모양의 홈들이 빽빽하고 전체적으로 광택이 나는 초록색이거나 자줏빛 남색이다. 광택이 나는 구릿빛의 세로줄 무늬가 2줄 있어 화려하다.

강변잎벌레 성충은 6~7월까지 활동한다. 한여름 습지의 갈대 군락지에서 많이 보인다. 몸길이는 7~12mm다.

강변잎벌레 짝짓기 여름에 하천 주변의 식물 줄기나 잎에서 짝짓기하는 개체가 많이 보인다.

강변잎벌레 짝짓기 과정 청줄보라잎벌레와 비슷하지만 먹이식물이 달라 구별된다.

박하잎벌레 몸길이는 7~9mm다. 자줏빛을 띤 검은색이며 광택이 난다. 딱지날개에 점각이 빽빽하고 점각이 없는 동그란 무늬가 세로로 줄을 이룬다.

박하잎벌레 박하가 먹이식물이다.

박하잎벌레 성충은 5~6월에 많이 보이다가 곧 휴면하고, 9월에 다시 보인다. 크기를 짐작할 수 있다. 11월쯤 나무껍질 속으로 들어가 성충으로 월동한다.

박하잎벌레가 자극을 받자 죽은 척한다.

십이점박이잎벌레 몸길이는 8~10mm, 개체마다 색깔과 무늬에 차이가 있다.

십이점박이잎벌레의 크기를 짐작할 수 있다.

십이점박이잎벌레 먹이식물은 돌배나무, 야광나무 등이다.

십이점박이잎벌레 성충으로 월동하며 암컷은 5~7월에 먹이식물의 잎에 알을 뭉쳐서 20여 개 낳는다.

십이점박이잎벌레 몸은 타원형이며 매우 볼록하다.
무당벌레와 비슷하지만 더듬이가 훨씬 더 길다.

산사나무 잎을 먹고 있는 십이점박이잎벌레 애벌레

십이점박이잎벌레 애벌레 산사나무 잎을 먹고 있다. 애벌레는 종령인 4령으로 땅속으로 들어가 번데기가 된다.

십이점박이잎벌레 애벌레 허물 벗을 준비를 하고 있다.

십이점박이잎벌레가 잎 뒷면에 알을 낳았다.(4월 20일)

잎벌레아과 수염잎벌레족에는 비슷하게 생긴 잎벌레가 몇 종 있습니다. 색깔이나 무늬 변이가 심한 종들도 있고요. 다음에 올린 사진들은 수염잎벌레족에 속하는 잎벌레들로, 정확하게 어떤 종인지 구별하기 힘든 종입니다. 참고용으로 올립니다.

수염잎벌레 몸길이는 5~6mm다. 몸은 볼록한 타원형이며 4월부터 보인다. 먹이식물은 싸리나무, 버드나무이다.

우리수염잎벌레 몸길이는 5~6mm, 5~7월에 주로 보인다. 버드나무가 기주식물이다. 체색 변이가 다양하다.

수염잎벌레류(05. 25.)

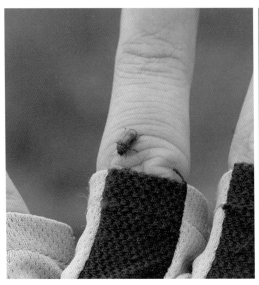

수염잎벌레류(05. 22.) 크기를 짐작할 수 있다.

수염잎벌레류(05. 22.)

수염잎벌레류(05. 23.)

큰수염잎벌레(*Gonioctena kamiyai* Kimoto, 1963) 여느 수염잎벌레들과 다리의 무늬가 다르다. 4월 26일에 만난 개체다.

436

긴더듬이잎벌레아과(잎벌레상과 잎벌레과)

다른 잎벌레에 비해 더듬이가 깁니다. 한 종류의 식물이나 한정된 몇 가지 식물만 먹는 종이 많으며 몸은 대체로 긴 타원형으로 약간 둥글고 볼록합니다.

남방잎벌레 몸길이는 4~6mm다. 머리는 검은색, 앞가슴등판은 황갈색이다. 비슷하게 생긴 노랑가슴녹색잎벌레와 구별점이다.

남방잎벌레 딱지날개는 광택이 도는 연한 초록색이며 부드럽고 미세한 털로 덮여 있다.

남방잎벌레 더듬이 기부는 노란색이고 위는 검은색이다. 겹눈은 돌출되어 있고 다리는 연한 노란색이다. 텃밭에서 주로 보인다.

어리장수잎벌레 장수잎벌레와 비슷하지만 종아리마디 아래가 검은색인 것이 다르다.

어리장수잎벌레 몸은 황갈색이며 딱지날개에 세로 융기선이 나타난다. 알려진 생태 정보가 없다.

한서잎벌레 몸길이는 10~11mm, 성충은 7~11월에 보인다. 딱지날개에 세로 융기선이 4쌍 있다. 애벌레는 땅속에서 엉겅퀴나 머위의 뿌리를 먹고 자란다.

한서잎벌레 딱지날개에 점각이 촘촘히 있고 앞가슴등판 가운데가 움푹 파였다.

파잎벌레 몸길이는 10~12mm다. 한서잎벌레와 비슷하게 생겼지만 앞가슴등판의 모양이 다르다. 체형도 더 넓적하다. 애벌레와 성충 모두 파 잎을 먹고 산다.

파잎벌레의 크기를 짐작할 수 있다. 나뭇잎 사이에서 알로 월동하며 성충은 6월에 보인다. 1년에 1회 나타난다.

딸기잎벌레 몸길이는 3～5mm, 성충으로 월동하며 딸기를 먹는다. 소리쟁이에서도 잘 보인다.

딸기잎벌레의 크기를 짐작할 수 있다. 앞 암컷, 뒤 수컷

딸기잎벌레 성충과 애벌레는 4～11월까지 보인다. 1년에 3～4회 나타난다. 앞가슴등판이 독특하게 역삼각형으로 튀어나왔다.

일본잎벌레 몸길이는 5～6mm다. 딱지날개는 흑갈색이고 테두리는 황갈색이다.

일본잎벌레 성충은 연못 주변의 마른 풀 사이에서 월동하며 4월부터 보인다.

일본잎벌레 6～8월에 먹이식물 잎 위에 등황색 알 20개 정도를 낳는다.

일본잎벌레 짝짓기하는 암수 사이로 수컷 한 마리가 들어와 방해하고 있다.

일본잎벌레 알

일본잎벌레 애벌레 알로 1주일, 애벌레로 2주일 정도 보내며 잎 위에서 번데기가 된다.

일본잎벌레 번데기

마른 잎 위에 있는 일본잎벌레 알, 성충, 번데기, 애벌레 한살이 가 빨리 진행되어 전체를 같이 볼 수 있다.

일본잎벌레 번데기 사이로 일본잎벌레 작은 애벌레들이 돌아다 닌다.

일본잎벌레 마름과 순채를 먹는다. 마름 잎을 먹은 흔적이다.

질경이잎벌레 몸길이는 5~6mm, 성충은 5월부터 활동한다. 암컷은 알을 20개 정도 뭉쳐서 땅 위에 낳으며 애벌레는 땅속에서 번데기가 된다. 먹이식물은 버드나무, 황철나무로 알려졌다. 1년에 2회 나타난다.

돼지풀잎벌레 몸길이는 4~7mm, 길쭉한 편이다. 딱지날개는 황갈색이며 검은색의 가로줄 무늬가 있다. 외래종으로 우리나라에서는 2000년 3월 대구에서 처음 발견되었다.

돼지풀잎벌레가 먹은 단풍잎돼지풀 주로 돼지풀 종류를 먹지만 들깨, 도꼬마리, 해바라기 등도 먹는다고 알려졌다.

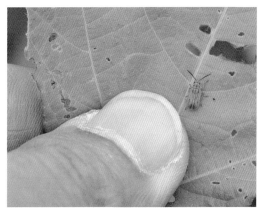

돼지풀잎벌레의 크기를 짐작할 수 있다.

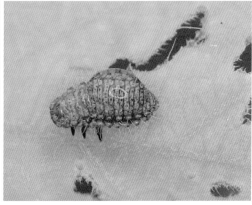

돼지풀잎벌레 애벌레가 단풍잎돼지풀을 먹고 있다.

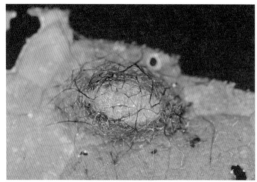

돼지풀잎벌레 고치 먹이식물 잎 위에서 고치를 만들고 번데기
가 된다.

돼지풀잎벌레 짝짓기

돼지풀잎벌레 1년에 4~6회 나타나며 성충은 3~11월까지 보인
다. 성충으로 월동한다.

돼지풀잎벌레 알 먹이식물 잎에 낳는다. 크기를 짐작할 수 있다.

참긴더듬이잎벌레 몸길이는 6~7mm, 6~9월에 보인다.

참긴더듬이잎벌레 머리에 동그란 검은색 점 하나와 가슴에 길쭉
한 무늬 3개가 있다.

참긴더듬이잎벌레 먹이식물은 가막살나무와 아왜나무로 알려졌다. 아왜나무잎벌레라고도 한다. 가막살나무 잎의 흔적이다.

참긴더듬이잎벌레 애벌레 월동한 알에서 4월쯤 애벌레가 나오며 3령을 거쳐 땅속이나 낙엽 밑에서 번데기가 된다.

참긴더듬이잎벌레 암컷 열심히 가막살나무 잎을 먹고 있다.

참긴더듬이잎벌레 짝짓기 후 암컷은 9월부터 늦가을까지 새로운 잎집, 잎자루, 겨울눈 조직 속에 알을 10여 개씩 낳는다.

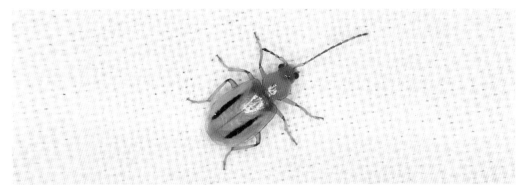

두줄박이애잎벌레 몸길이는 3∼3.4mm, 황갈색 딱지날개에 검은색 줄이 두 줄 있다. 성충과 애벌레 모두 콩과 식물을 먹고 산다.

노랑가슴녹색잎벌레 몸길이는 5~8mm다. 이름처럼 가슴은 노
란색이고 딱지날개는 광택이 있는 초록색이다.

노랑가슴녹색잎벌레 월동한 성충은 5~7월까지 보이며 애벌레는
7~8월에 주로 보인다. 새로운 성충은 9~10월에 활동한 후 월동
한다.

노랑가슴녹색잎벌레 암컷 먹이식물은 쥐다래와 다래덩굴이다.

노랑가슴녹색잎벌레 날씨가 따뜻하면 이른 봄에도 활동한다. 4월
5일에 만난 개체다.

노랑가슴청색잎벌레 몸길이는 7mm 내외다. 딱지날개는 녹청
색이며, 가슴은 붉은빛을 띤 노란색이다.

노랑가슴청색잎벌레 사진에서는 잘 안 보이지만 딱지날개에 가
로로 눌린 듯한 자국이 나타난다.

444

오리나무잎벌레 몸길이는 5~7mm다. 더듬이와 다리, 몸 전체가 광택이 나는 흑청색이다.

오리나무잎벌레 성충은 4~9월까지 오리나무에서 보인다.

오리나무잎벌레 성충으로 월동하며 1년에 1회 나타난다. 오리나무가 먹이식물이다.

오리나무잎벌레가 먹은 잎의 흔적

상아잎벌레 몸길이는 7~9mm다. 전체적으로 볼록하게 생겼다. 성충은 가끔 잎이 아닌 꽃잎을 먹기도 한다.

상아잎벌레 월동한 성충은 5~6월에 보이고 새로운 성충은 8~10월에 활동한다.

상아잎벌레 애벌레로 오해받는 애벌레다. 아직 우리나라 국명은 없고 잎벌레과 *Pyrrhalta tibialis*의 애벌레이다.

상아잎벌레 4월 초에 만난 월동 개체다.

상아잎벌레 딱지날개에 노란색과 검은색이 어우러진 무늬가 독특하며 톱니 모양의 더듬이는 몸길이 정도로 길다.

상아잎벌레 온몸에 움푹 파인 점각이 흩어져 있다. 톱니 모양의 더듬이가 뚜렷하다.

상아잎벌레의 크기를 짐작할 수 있다.

솔스키잎벌레 몸길이는 6〜8mm다. 더듬이와 머리, 앞가슴등판은 검은색이며 딱지날개는 황갈색이다. 전체적으로 광택이 난다. 학명을 지은 '솔스키Solsky'의 이름을 따서 붙였다. 마디풀과 식물이 먹이식물이다.

솔스키잎벌레 성충으로 월동하며 1년에 1회 나타난다. 성충은 4〜5월에 많이 보인다. 애벌레는 땅속에서 번데기가 된다. 날개돋이 후 성충은 그대로 월동하고 이듬해 4월에 활동을 시작한다.

솔스키잎벌레 딱지날개가 미색을 띠는 개체다.

검정오이잎벌레 몸길이는 5〜6mm, 전체적으로 약간 볼록하고 길쭉하다. 크기를 짐작할 수 있다. 애벌레는 땅속에서 식물 뿌리 등을 먹으며 성장하다 번데기가 된다. 새로운 성충은 7〜10월에 나타난다.

검정오이잎벌레 머리와 가슴은 황갈색이고 배는 노란색이다. 딱지날개와 다리는 검은색이다. 성충으로 월동하며 성충은 4〜11월까지 볼 수 있다. 암컷은 5〜6월에 땅속에 산란한다.

검정오이잎벌레 콩이나 오이류를 먹는다고 알려졌지만 팽나무, 등나무, 며느리배꼽, 하늘타리 등에서도 자주 보인다.

검정오이잎벌레 여러 마리가 박과 식물인 하늘타리 잎을 먹고 있다.

검정오이잎벌레 검은색의 겹눈은 튀어나왔고, 더듬이는 몸길이보다 짧다.

세점박이잎벌레 몸길이는 5~6mm, 딱지날개에 검은색 점 3개가 있다.

세점박이잎벌레 1년에 1회 나타난다. 성충은 4~11월에 보이며 먹이식물은 하늘타리와 돌외이다.

노랑배잎벌레 몸길이는 4∼5mm다. 몸은 광택이 나는 흑청색 이다.

노랑배잎벌레 배는 황갈색이며 부분적으로 흑갈색이다.

크로바잎벌레 몸길이는 3∼4mm다. 전체적으로 약간 볼록하며 길쭉하다. 딱지날개 앞쪽에 하얀색 둥근 무늬가 한 쌍 있다.

크로바잎벌레 성충은 6∼10월까지 활동한다. 클로버(토끼풀)를 먹어서 붙인 이름이지만 가지, 호박, 당근, 들깨, 배추, 무, 콩 등 다양한 농작물을 먹는다.

크로바잎벌레 알로 월동하며 애벌레는 먹이식물의 뿌리를 먹으며 성장한다.

열점박이별잎벌레 몸길이는 10~14mm로 우리나라 잎벌레 중 대형종에 속한다. 봄부터 가을까지 보이지만 8~9월에 가장 왕성하게 활동한다.

열점박이별잎벌레 황갈색 바탕의 딱지날개에 크기가 다른 검은색 점 5쌍이 있다. 포도나무가 먹이식물이지만 다양한 잎이나 나무에서 관찰된다. 크기를 짐작할 수 있다.

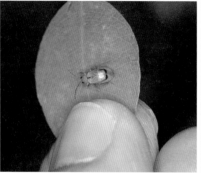

어리발톱잎벌레 몸길이는 3~4mm, 몸 형태는 약간 볼록하며 길쭉한 알 모양이다.

어리발톱잎벌레의 크기를 짐작할 수 있다. 비슷하게 생긴 노랑발톱잎벌레와는 딱지날개에 있는 무늬 유무, 딱지날개 뒷부분이 넓어지는 정도, 그리고 수컷은 딱지날개 앞쪽에 움푹 파인 부분 등을 살펴봐야 한다고 한다.

어리발톱잎벌레 날개 어깨 부분과 끝은 검은색이지만 개체에 따라 딱지날개 전체가 황갈색인 경우도 있다.

어리발톱잎벌레 성충은 6~9월까지 보이며 기주식물은 때죽나무라고 하지만 싸리나 밤나무, 졸참나무 등 다양한 잎을 먹는다.

벼룩잎벌레아과(잎벌레상과 잎벌레과)

잎벌레과 가운데 가장 개체 수가 많은 분류군입니다. 이름처럼 대부분의 종들이 뒷다리가 발달해 알통 다리처럼 생겼습니다. 벼룩처럼 잘 뛸 수 있는 구조이지요. 벼룩잎벌레는 자기 몸의 100배 이상을 뛴다고 합니다.

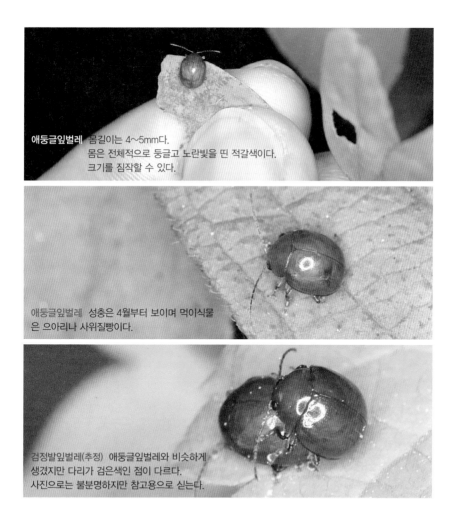

애둥글잎벌레 몸길이는 4~5mm다.
몸은 전체적으로 둥글고 노란빛을 띤 적갈색이다.
크기를 짐작할 수 있다.

애둥글잎벌레 성충은 4월부터 보이며 먹이식물
은 으아리나 사위질빵이다.

검정발잎벌레(추정) 애둥글잎벌레와 비슷하게
생겼지만 다리가 검은색인 점이 다르다.
사진으로는 불분명하지만 참고용으로 싣는다.

왕벼룩잎벌레 애벌레 5월에 보인다. 붉나무나 개옻나무 잎을 먹고 성장한 애벌레는 땅속에서 번데기가 된 후 가을에 성충이 된다.

왕벼룩잎벌레 애벌레는 자신의 배설물을 몸에 얹고 산다.

배설물로 위장하기 전의 왕벼룩잎벌레 애벌레 매끈한 주황색 이지만 붉나무를 먹고 나면 검보라색으로 바뀐다. 지금 자신의 배설물을 몸에 얹고 있다.

왕벼룩잎벌레 몸길이는 9~12mm, 6~9월에 많이 보인다.

왕벼룩잎벌레의 크기를 짐작할 수 있다.

왕벼룩잎벌레 가을에 성충이 된 후 짝짓기를 한다. 암컷은 개옻나무나 붉나무 줄기에 알을 낳는다.

왕벼룩잎벌레 암컷이 알을 낳고 있다.

왕벼룩잎벌레 알 먹이식물 줄기를 물어뜯은 후 거기에 알을 덩어리 형태로 낳은 후 배설물로 덮어놓는다. 마치 식물혹처럼 보인다. 알 상태로 겨울을 난다.

알통다리잎벌레 몸길이는 2~3mm다. 나무껍질 사이나 낙엽 밑에서 성충으로 월동한다.

알통다리잎벌레의 크기를 짐작할 수 있다.

알통다리잎벌레 이른 봄부터 꽃에 날아온다. 광택이 있는 청록색이며 가슴과 딱지날개에 점각이 줄지어 선명하게 보인다.

알통다리잎벌레 뒷다리의 넓적다리마디가 알통 다리다.

알통다리잎벌레 봄에 버드나무에서 낮과 밤에 많이 보인다.

끝붉은긴발벼룩잎벌레 몸길이는 2mm 내외로, 딱지날개 끝 3분 1 부분이 붉은색이다. 개불알풀류가 기주식물이다.

끝붉은긴발벼룩잎벌레의 크기를 짐작할 수 있다. 성충으로 월동하는 듯 이른 봄부터 보인다.

454

점날개잎벌레 몸길이는 3~4mm다. 몸은 알 모양이며 옆에서 보면 약간 볼록하다. 전체적으로 광택이 있는 청색이다. 뒷다리의 넓적다리마디가 알통 다리다. 벼룩잎벌레아과에 속하는 이유다.

점날개잎벌레 더듬이는 검은색이며 네 번째 마디부터 톱니 모양이다. 성충으로 월동하며 이른 봄부터 11월까지 보인다. 1년에 1회 발생한다.

점날개잎벌레 성충은 민들레, 솜나물, 양지꽃 등 다양한 꽃에 모인다. 크기를 짐작할 수 있다. 꽃에서 먹이 활동도 하고 짝짓기도 한다.

황갈색잎벌레 몸길이는 5~6mm다.

황갈색잎벌레는 박주가리가 기주식물이다.

황갈색잎벌레가 박주가리를 먹고 있다.

황갈색잎벌레 짝짓기 성충은 5~6월에 보이며 짝짓기 후 암컷은 땅 위에 알을 뭉쳐서 낳는다. 애벌레는 땅속으로 들어가 식물의 뿌리를 먹고 성장한다.

황갈색잎벌레 배는 딱지날개보다 연한 황갈색이다.

황갈색잎벌레 머리와 더듬이, 가슴, 다리는 검은색이며 딱지날개는 적갈색 또는 황갈색이다.

벼룩잎벌레 몸길이는 2mm 내외다. 1년에 2~3회 나타난다. 뒷다리의 넓적다리마디가 알통 다리여서 벼룩처럼 잘 뛴다. 몸은 검은색이며 딱지날개에 황갈색의 굽은 세로줄 무늬가 두 줄 있다. 성충은 3~11월까지 십자화과 식물에서 보인다.

벼룩잎벌레 짝짓기 후 암컷은 4월쯤 땅속에 알을 낳는다. 애벌레는 뿌리를 먹으며 성장하다가 3령이 지나면 땅속에서 번데기가 된다. 봄에 열무 떡잎을 갉아 먹고 있다.

벼룩잎벌레가 열무 잎을 갉아 먹은 흔적

검정배줄벼룩잎벌레 몸길이는 2~3mm. 이른 봄부터 보인다. 십자화과가 먹이식물이다.

검정배줄벼룩잎벌레 암컷은 기주식물의 잎 기부에 알을 하나씩 낳는다. 애벌레는 잎을 먹으며 성장하다 6월쯤 땅속으로 들어간다. 크기를 짐작할 수 있다.

발리잎벌레 몸길이는 3~4mm다. 뒷다리의 넓적다리마디가 알통 다리처럼 발달해 잘 뛴다.

발리잎벌레 우리나라 토종 곤충으로 다식성이지만 주로 깨풀을 먹는다. 울산광역시 울주군 온양읍 발리鉢里에서 처음 채집되어 붙인 이름이라고 한다.

458

통잎벌레아과(잎벌레상과 잎벌레과)

통잎벌레들은 이름처럼 몸이 '통'으로 생겼습니다. 몸의 앞에서 뒤까지 원통 모양입니다. 앞가슴등판의 폭은 딱지날개 기부의 너비만큼 넓으며 앞으로 갈수록 좁아지는 것이 특징입니다. 다른 잎벌레들에 비해 더듬이도 짧은 편입니다.

넉점박이큰가슴잎벌레 몸길이는 8~11mm, 성충은 5~8월에 많이 보인다. 성충은 자작나무, 버드나무, 참나무류 등의 잎을 먹는다. 느티나무에 앉아 있다.

넉점박이큰가슴잎벌레 머리와 가슴이 검은색이다. 주홍색 딱지날개에 검은색 점무늬가 4개 있다.

넉점박이큰가슴잎벌레 외국에서는 짝짓기 후 암컷이 알을 땅위에 떨어뜨린다. 이후 부화한 애벌레는 개미집으로 기어가 기생생활을 한다는 기록이 있다.

넉점박이큰가슴잎벌레 겹눈이 크게 튀어나왔다. 더듬이는 여느 잎벌레에 비해 짧고 넓적한 편이다.

밤나무잎벌레 몸길이는 4~5mm, 몸이 약간 길고 통통하다. 검은띠꼬마잎벌레라고도 한다. 머리는 검은색이고 앞가슴등판은 적갈색이다. 주홍색 딱지날개 앞에 커다란 검은색 점무늬가 2개, 뒤에는 검은색 넓은 띠무늬가 나타난다. 개체마다 차이가 있다.

밤나무잎벌레 밤나무, 참나무류, 억새, 쑥 등 기주식물이 매우 다양하다.

밤나무잎벌레 짝짓기 암컷은 배설물을 묻혀 땅에 알을 낳는다. 부화한 애벌레는 주변 낙엽이나 부식물을 먹으며 똥 속에서 자란다. 성장하면서 똥도 점점 커진다.

밤에 싸리나무에서 짝짓기하는 밤나무잎벌레 여러 쌍이 보인다.

물 위에 떨어져 죽은 밤나무잎벌레 딱지날개 속으로 부드러운 속날개가 보인다.

반금색잎벌레 몸길이는 5~6mm. 머리와 딱지날개는 광택이 나는 남색이며 앞가슴등판은 적갈색이다. 버드나무나 느티나무, 참소리쟁이에서 자주 보인다.

반금색잎벌레 성충은 4~5월에 활동하며 6월 이후에는 볼 수 없다.

반금색잎벌레 참금록색잎벌레와 비슷하게 생겼지만 앞가슴등판의 모양이 다르다.

반금색잎벌레 느티나무에서 만났다.

콜체잎벌레 몸길이는 4~5mm. 전체적으로 몸이 짧고 뭉툭하다. 딱지날개에 둥근 황색 무늬가 6개 있다.

콜체잎벌레 성충은 5~7월에 쑥 같은 초본류에서 보인다. 학명을 지은 '콜체Koltzei'의 이름에서 따와 이름 붙였다.

소요산잎벌레 몸길이는 3~4mm이며 전체적으로 광택이 나는 초록색이다. 다리는 황갈색이다. 성충은 5~8월에 나타난다. 크기를 짐작할 수 있다.

소요산잎벌레 비슷해서 혼동했던 닮은북방통잎벌레는 소요산 잎벌레의 동종으로 처리되었다.

소요산잎벌레 색이 어두운 개체도 보인다.

등줄잎벌레 소요산잎벌레와 비슷하지만 다리 색이 다르다. 몸 길이는 3~5mm, 5~8월에 보인다. 오리나무와 졸참나무가 기 주식물이다.

등줄잎벌레의 크기를 짐작할 수 있다.

팔점박이잎벌레 몸길이는 7~8mm, 우리나라 통잎벌레 중에서 큰 편에 속한다. 딱지날개에 8개의 점무늬가 있는 개체도 있고 없는 개체도 있다.

팔점박이잎벌레 딱지날개는 밝은 황색이며 어깨 부분에 둥근 검은색 점이 있으나 개체마다 차이가 있다. 앞가슴등판에 검은색의 넓은 세로줄 무늬가 한 쌍 있다.

팔점박이잎벌레 성충은 5~7월에 여러 가지 식물 잎 위에서 보인다. 암컷은 알을 땅에 떨어뜨린다. 애벌레는 떡갈나무, 졸참나무, 밤나무, 호장근 등을 먹는다.

육점통잎벌레 몸길이는 5~6mm, 몸은 전체적으로 원통형이다. 애벌레와 성충 모두 사시나무를 먹는 것으로 알려졌으며 여름에 산지에서 주로 보인다.

육점통잎벌레 광택이 나는 주황색 딱지날개에 검은색 점무늬가 6개 있어 붙인 이름이다.

꼽추잎벌레아과(잎벌레상과 잎벌레과)

몸이 매우 볼록하며 긴 타원형입니다. 옆에서 보면 앞가슴등판이 볼록하게 솟아 보이는데 이 때문에 붙인 이름인 듯합니다. 많은 종들이 초록빛이나 푸른빛, 자줏빛 금속성을 띠어 화려합니다.

맵시꼽추잎벌레 몸길이는 5mm 내외다. 이름에 혼동이 있는 잎벌레다. 포도꼽추잎벌레에서 이름이 정정되었다는 논문도 있다. 현재 우리나라에 맵시꼽추잎벌레, 포도꼽추잎벌레 두 종이 모두 서식한다고 알려졌다. 포도과가 먹이식물로 알려졌다.

곧선털꼽추잎벌레 몸길이는 5mm 내외, 성충은 6~10월에 보인다. 떡갈나무가 기주식물로 알려졌다. 딱지날개 어깨 부분에 흰색 털이 무늬처럼 가운데로 휘어져 보이면 누운털꼽추잎벌레다.

포도꼽추잎벌레 더듬이는 대체로 길며 앞가슴등판과 딱지날개에 털이 덮여 있다.

포도꼽추잎벌레 몸길이는 5mm 내외, 6~8월에 활동한다. 크기를 짐작할 수 있다.

포도꼽추잎벌레 맵시꼽추잎벌레처럼 포도나무가 기주식물이다.

이마줄꼽추잎벌레 몸길이는 3~4mm다. 이마에 줄이 있어 붙인 이름이다.

이마줄꼽추잎벌레 몸 색은 개체마다 차이가 있다. 개머루가 기주식물로 알려졌다.

사과나무잎벌레 더듬이는 제3~4마디 아래는 갈색, 그 위는 검은색이다.

사과나무잎벌레 몸길이는 6~7mm로 약간 볼록한 사각형이다. 온몸에 하얀색 가루와 미세한 털이 덮여 있다.

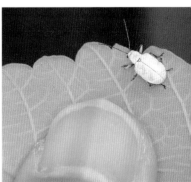

사과나무잎벌레 몸에 있는 흰색 가루가 떨어지면 전혀 다른 종처럼 보이기도 한다.

사과나무잎벌레 하얀색 가루가 떨어진 개체다. 검은색 몸이 드러난다.

사과나무잎벌레 성충은 5~7월에 활동하며 사과나무, 배나무, 매화나무, 호두나무 등이 먹이식물이다. 크기를 짐작할 수 있다.

중국청람색잎벌레 몸길이는 11~13mm로 우리나라 꼽추잎벌레 무리 중에서 가장 크다. 전체적으로 광택이 나는 청람색이다. 먹이식물은 박주가리와 고구마다. 성충은 5~8월에 활동한다.

중국청람색잎벌레가 박주가리 잎 위에 앉아 있다.

중국청람색잎벌레가 박주가리 잎 위에서 짝짓기하고 있다.

중국청람색잎벌레 이 곤충을 처음 발견한 사람이 중국인이라 이름에 '중국'을 붙였다. 우리나라 토종 곤충이다. 박주가리를 먹고 있다.

중국청람색잎벌레의 크기를 짐작할 수 있다.

중국청람색잎벌레 밤에도 관찰할 수 있다.

고구마잎벌레 몸길이는 5～6mm로 볼록하고 길쭉한 타원형이다. 광택이 나며 구릿빛을 띤 개체와 푸른빛의 개체가 있다.

고구마잎벌레 성충은 5～7월에 나타나며 고구마, 메꽃 등이 먹이 식물이다.

고구마잎벌레 개체마다 색깔 차이가 있다. 크기를 짐작할 수 있다.

고구마잎벌레 초록색 광택이 강한 개체다.

고구마잎벌레 짝짓기 암컷은 가늘고 긴 녹색 알을 땅에 하나씩 낳는다. 애벌레는 땅속에서 고구마 덩이뿌리 등을 먹고 생활하다가 종령 애벌레로 월동한다.

금록색잎벌레 몸길이는 3~4.5mm로 볼록하고 길쭉한 타원형이다. 머리, 앞가슴등판, 딱지날개가 초록, 청색, 구리색, 갈색, 붉은색 등 다양한 색이며 개체마다 차이가 심하다.

금록색잎벌레 성충은 6~8월에 보인다. 쑥, 국화 등이 먹이식물이다.

금록색잎벌레 애벌레는 땅속에서 뿌리를 먹고 생활한다.

금록색잎벌레 앞가슴등판은 적갈색이고 딱지날개가 청색인 개체다.

금록색잎벌레 앞가슴등판은 적갈색이고 딱지날개가 어두운 초록색인 개체다.

금록색잎벌레 앞가슴등판은 검은색이고 딱지날개가 짙은 초록색인 개체다.

콩잎벌레 몸길이는 2.5mm 내외로 콩이 먹이식물이다. 성충으로 월동하며 1년에 1회 나타난다. 성충은 5~6월에 주로 보인다. 암수가 색이 다른 암수이형이다. 이 개체는 수컷이다.

현재 콩잎벌레는 3종 정도로 나뉘는 중이라고 한다. 여기에서는 기존 이름인 콩잎벌레로 한다.

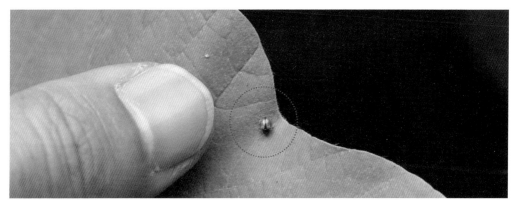

콩잎벌레의 크기를 짐작할 수 있다.

콩잎벌레 종류다.

톱가슴잎벌레아과(잎벌레상과 잎벌레과)

가슴 옆 가장자리가 톱날처럼 생겨서 붙인 이름입니다. 여러 가지 식물을 먹습니다. 암컷은 땅 위에 무작위로 알을 낳으며 2~3주 후면 부화합니다. 부화 후 애벌레는 땅속으로 들어가 뿌리를 먹고 성장하면서 번데기도 땅속에서 만듭니다. 우리나라에 1속 1종밖에 없는 독특한 무리입니다.

필자가 본 앞가슴등판 옆이 톱날처럼 생긴 개체가 모두 톱가슴잎벌레인지 현재로선 알 수 없습니다. 딱지날개에 털이나 체형이 조금 다르게 느껴지는 개체들입니다. 여기서는 참고용으로 함께 싣습니다.

톱가슴잎벌레 5월 22일 소백산 정상부에서 만난 개체다.

톱가슴잎벌레 5월 25일 역시 소백산 같은 지점 근처에서 만났다.

톱가슴잎벌레(추정) 5월 7일 강원도 선자령에서 만났다.

혹가슴잎벌레아과(잎벌레상과 수중다리잎벌레과)

혹가슴잎벌레아과는 이름처럼 가슴에 혹
이 난 것처럼 튀어나온 것이 특징입니다.
가슴의 가로와 세로 너비가 거의 비슷합니
다. 세계적으로 많은 종이 알려지지 않았
으며 우리나라도 3종 정도만 알려져 있습
니다.

혹가슴잎벌레 몸길이는 4mm 내외다. 성충으로 월동하며 4
월부터 보인다. 먹이식물은 노박덩굴, 참빗살나무, 화살나무,
회나무, 황벽나무 등이다. 애벌레는 잎에 굴을 파고 살다가
5~6월에 나타나며 종령이 되면 땅속에서 번데기가 된다.

수중다리잎벌레아과(잎벌레상과 수중다리잎벌레과)

수중다리란 알통 다리와 비슷한 뜻입니다. 이 무리에 속한 잎벌레들 뒷다리
의 넓적다리마디가 부풀어 있어 알통 다리처럼 보여 붙인 이름입니다. 잎벌
레 집안에서 비교적 큰 편에 속합니다. 우리나라에는 3종이 알려졌습니다.

수중다리잎벌레 몸길이는 8~10mm
로, 길고 납작하다. 다리는 머리 색과
같으며 뒷다리의 넓적다리마디가 알통
다리이며 검은색 점무늬가 있다.

수중다리잎벌레 머리는 적갈색이며 이마에 검
은색 세로줄 무늬가 있다. 앞가슴등판에는 검은
색 사다리꼴 무늬가 있다.

수중다리잎벌레 애벌레로 월동하며 성
충은 5~6월에 보인다. 고삼이 먹이식
물로 알려졌다.

남경잎벌레 몸길이는 7~9mm. 뒷다리의 넓적다리마디가 매우 발달했다. 거기에 3개의 가시 돌기가 있다. 종아리 부분이 많이 휘었다. 기주식물은 물푸레나무다.

● 소바구미과(바구미상과)

소바구미과는 머리가 튀어나왔고 주둥이가 납작하며 폭이 넓습니다. 더듬이가 아주 길거나 모양이 독특한 개체도 있습니다. 죽은 나무에 감염된 곰팡이를 먹고 사는 종이 있고 열매에 구멍을 뚫고 살거나 저장된 농작물에서 사는 종도 있습니다.

소바구미아과(바구미상과 소바구미과)

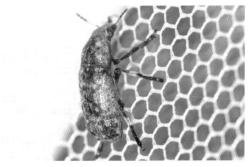

주홍버섯소바구미 몸길이는 6~8mm다. 버섯소바구미와 생태와 습성이 비슷하다. 더듬이 모양으로 구별한다. 사진의 개체는 몸의 털이 많이 빠진 상태라 무늬를 제대로 볼 수 없다. 주둥이는 짧은 편이며 한가운데가 약간 오목하다.

버섯소바구미 몸길이는 7~10mm, 주홍버섯소바구미보다 검은색 얼룩무늬가 더 진하고 빽빽하다. 나무에 나는 버섯류를 먹고 사는 것으로 보인다.

북방길쭉소바구미 몸길이는 5~9mm, 원통형으로 길이가 너비의 약 3배다.

북방길쭉소바구미 수컷 딱지날개 가운데에 거꾸로 된 하트 모양의 회백색 무늬가 있다. 암컷과 달리 더듬이 네 번째 마디가 부풀어 있다(동그라미 친 부분).

북방길쭉소바구미 성충은 6~8월에 주로 상수리나무나 버드나무의 벌채목이나 말라 죽은 가지에서 보인다. 크기를 짐작할 수 있다.

북방길쭉소바구미 주둥이가 매우 짧다. 앞가슴등판은 사각형에 가까우며 몸은 갈색인데 하얀색, 황색, 회백색 등 털들이 덮여 있어 무늬처럼 보인다.

우리흰별소바구미 몸길이는 6∼10mm, 몸은 짧고 두툼하다. 성충은 5∼8월에 활엽수림에서 보인다. 성충으로 월동하며 밤에 불빛을 잘 찾아든다.

우리흰별소바구미 수컷 암컷과 달리 더듬이가 매우 길다. 딱지날개 끝에 회백색의 무늬가 있다. 앞가슴등판에 돌기가 3개 있으며 딱지날개에도 돌기가 있다.

우리흰별소바구미 암컷 더듬이가 수컷보다 훨씬 짧다. 딱지날개 가운데에 있는 하얀색 무늬가 별을 닮아 붙인 이름이다.

회떡소바구미 몸길이는 4∼8mm, 성충은 5∼8월에 참나무류의 죽은 가지 등에서 보인다.

회떡소바구미 몸은 긴 알 모양이며 딱지날개의 가운데 부분이 가장 넓다. 1년에 1회 나타난다. 다리에 띠 모양의 회백색 무늬가 있다.

회떡소바구미의 크기를 짐작할 수 있다.

회떡소바구미 참나무류의 고사목이나 벌채목에서 자주 보인다.

회떡소바구미 넓적한 주둥이가 아래로 뻗어 있고, 딱지날개에 세로로 융기선이 3줄 있다.

474

소바구미 몸길이는 8mm 정도다. 머리는 흰색 털로 덮여 있으며 나머지 부분은 밝은 황갈색 털로 덮여 있다.

소바구미의 크기를 짐작할 수 있다.

소바구미 눈은 머리에 튀어나온 부분의 위쪽에 있다. 얼굴이 삼각형이며 하얀색 털로 덮여 있다.

소바구미 암컷은 짝짓기 후 때죽나무 열매에 구멍을 뚫고 알을 낳는다.

소바구미가 알을 낳기 위해 구멍을 뚫으려 한 흔적(때죽나무 열매)

소바구미 주둥이는 밑으로 좁아지며 앞가슴등판과 딱지날개 앞쪽에 돌기가 있다.

소바구미 자극을 받으면 바로 죽은 척한다.

소바구미 위에서 보면 전혀 다른 곤충처럼 보인다.

딱부리소바구미 몸길이는 6mm 내외로 딱지날개에 독특한 무늬가 나타나 다른 종과 구별된다. 겹눈이 커서 붙인 이름이다. 고사목에서 자라는 목질 버섯을 먹는 것으로 알려졌다.

딱부리소바구미의 크기를 짐작할 수 있다.

창주둥이바구미아과(바구미상과 창주둥이바구미과)

엉겅퀴창주둥이바구미 몸길이는 3mm 내외로 몸은 흑청색이며 딱지날개에 세로 홈이 뚜렷하다.

엉겅퀴창주둥이바구미의 크기를 짐작할 수 있다.

엉겅퀴창주둥이바구미 엉겅퀴, 지칭개, 자운영 등이 기주식물이다. 지칭개 꽃 위에서 짝짓기하고 있다. 성충은 주로 5월에 많이 보인다.

목창주둥이바구미 몸길이는 2mm 내외다. 엉겅퀴창주둥이바구미와 비슷한데 앞가슴등판에 점각이 많다. 이른 봄부터 보인다. 노랑제비꽃에 앉아 있다. 기주식물은 콩, 팥, 녹두로 알려졌다.

왕바구미아과(바구미상과 왕바구미과)

왕바구미 몸길이는 12~29mm, 몸은 갈색 바탕에 검은색 무늬가 있으며 마치 나무껍질 같은 보호색을 띠고 있다.

왕바구미 주둥이는 길게 튀어나와 있고 겹눈은 길쭉하며 아래쪽에 서로 가까이 붙어 있다. 몸 윗면이 파인 것처럼 울퉁불퉁하다.

왕바구미 먹이터에서 자리 경쟁과 짝짓기가 이루어진다. 암컷은 벌채되었거나 고목이 된 소나무 껍질 아래 산란한다. 애벌레는 소나무 속을 먹고 자란다.

왕바구미 성충은 5~9월까지 보이며 활엽수의 수액을 먹는다.

왕바구미 개체마다 색깔 차이가 있다.

왕바구미 각 다리의 종아리마디 끝에 가시 돌기가 있다. 천적
이 다가오면 이 가시 돌기로 위협하는 방어 행동을 한다.

왕바구미는 자극을 받으면 다리를 접고 죽은 척(의사 행동)한다.

벼바구미아과(바구미상과 벼바구미과)

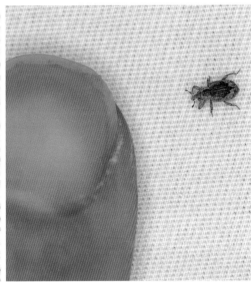

벼물바구미 몸길이는 3mm 정도로, 몸 윗면에 모양이 일정하
지 않은 커다란 검은색 무늬가 있다.

벼물바구미의 크기를 짐작할 수 있다.

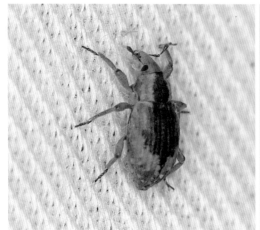

벼물바구미 주둥이는 길게 튀어나와 있으며 6마디로 이루어진 더듬이 끝은 곤봉 모양이다.

벼물바구미 1년에 1회 나타나며 성충은 수면 위아래를 오가며 벼 잎을 갉아 먹는다. 5월경 벼 잎집에 산란한다. 애벌레는 벼 뿌리 를 갉아 먹으며 성장한다.

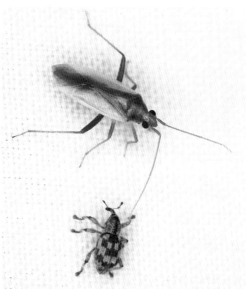

물달개비바구미 몸길이는 2mm 내외로 물달개비 잎을 먹는다.

물달개비바구미 밤에 불빛에도 잘 찾아든다. 홍색얼룩장님노린 재와 함께 있다.

● 주둥이거위벌레과(바구미상과)

이름처럼 주둥이가 길어서 붙인 이름입니다. 대부분 몸 색이 뚜렷하거나 광택을 지닌 종들이 많습니다. 도토리거위벌레처럼 일부는 등에 털이 많기도 하지요.

주둥이거위벌레아과(바구미상과 주둥이거위벌레과)

뿔거위벌레 몸길이는 5～7mm로 온몸이 광택이 나는 녹색이거나 청록색이다.

수컷만 어깨에 뿔 모양 돌기가 있다.

뿔거위벌레 수컷 더듬이 끝 3마디가 넓다.

뿔거위벌레 암컷 어깨에 뿔 같은 돌기가 없다. 더듬이 끝 3마디가 넓다.

뿔거위벌레 딱지날개에 세로 융기선이 3줄 있다. 단풍뿔거위벌레와의 구별점이다.

뿔거위벌레 짝짓기 성충은 5~6월에 주로 보인다. 짝짓기 후 암컷은 단풍나무과 잎을 서너 장 엮어서 알을 10개 정도 낳고 요람을 만든다.

뿔거위벌레 크기를 알 수 있다.

뿔거위벌레 암컷이 요람 만들 준비를 하고 있다.

뿔거위벌레 암컷이 요람을 만들기 위해 신나무 잎을 오리고 있다.

뿔거위벌레 암컷이 요람을 마무리하고 있다.

뿔거위벌레 암컷과 요람

뿔거위벌레 요람 여느 거위벌레들과 다르게 잎 서너 장을 엮어서 요람을 만든다.

뿔거위벌레

뿔거위벌레 요람(신나무 잎)

뿔거위벌레 요람

요람 속에 든 뿔거위벌레 알 보통 알을 10개 정도 낳는다.

뿔거위벌레 애벌레

뿔거위벌레 애벌레 요람은 은신처이자 먹이터다.

단풍뿔거위벌레 뿔거위벌레와 비슷하게 생겼지만 몸 윗면 양 가장자리에 붉은색 세로줄 무늬가 있다. 딱지날개에 세로 융기선이 없다. 주둥이 가운데 부분에서 더듬이가 시작되며, 수컷은 더듬이가 시작되는 부분에서 주둥이가 급격하게 아래로 구부러진다.

484

황철거위벌레 몸길이는 5~7mm, 전체적으로 붉은빛을 띤 녹색이며 광택이 강하다. 개체에 따라 흑청색도 있다. 크기를 짐작할 수 있다.

황철거위벌레 머리와 앞가슴등판에는 작은 점각이, 딱지날개엔 더 큰 점각이 무수히 찍혀 있다.

황철거위벌레 수컷은 더듬이가 시작되는 부분의 주둥이가 아래로 약간 굽었다.

황철거위벌레 암컷은 포플러, 사과나무 등의 잎을 말아 알을 낳고 요람을 만든다. 성충은 5~6월에 보인다.

황철거위벌레 요람 잎 서너 장을 엮어 요람을 만든다. 5월 18일에 관찰한 모습이다.

도토리거위벌레 몸길이는 7~11mm로 길쭉하다. 딱지날개는 사
각형에 가깝고 주둥이가 길다.

도토리거위벌레 성충은 6~9월에 보인다. 온몸에 부드럽고 긴
털이 덮여 있으며 더듬이는 주둥이 3분의 1에서 시작된다.

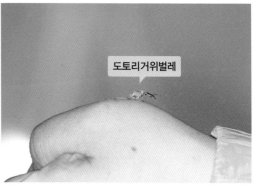

도토리거위벌레

도토리거위벌레 털이 빠지면 전혀 다른 거위벌레처럼 보인다.

도토리거위벌레의 크기를 짐작할 수 있다.

도토리거위벌레 수컷 어깨에 뿔 같은 돌기(동그라미 친 부분)가
있고 더듬이는 암컷보다 길다.

도토리거위벌레 암컷 어깨에 뾰족한 돌기가 없고 더듬이는 수컷
보다 짧다.

도토리거위벌레 도토리에 구멍을 뚫어 알을 낳는다. 도토리가 달린 채로 가지를 잘라 나무 아래로 떨어뜨린다.

도토리거위벌레가 알을 낳은 자리

도토리거위벌레 알자리 암컷은 보통 20~30개 정도 산란한다.

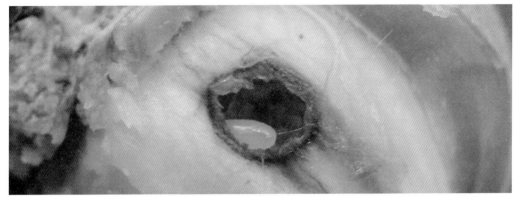

도토리거위벌레 알 알에서 깨어난 애벌레는 도토리 속을 먹으며 성장하다 20여 일 후 열매를 뚫고 나와 땅속을 3~9cm까지 파고 들어가 흙집을 짓고 월동한다.

복숭아거위벌레 몸길이는 7~10mm이며 몸이 짧고 넓적하다. 보랏빛을 띤 자줏빛 광택이 있다. 복숭아, 배, 매실 등이 먹이식물이다. 최근 농약 살포 등으로 개체 수가 줄어들고 있다.

복숭아거위벌레 성충은 5~6월에 보이며 복숭아 열매에 구멍을 뚫고 알을 하나씩 낳는다.

복숭아거위벌레가 개복숭아 열매에서 짝짓기를 하고 있다.(06. 07.)

복숭아거위벌레와 어리복숭아거위벌레가 최근 복숭아거위벌레로 통합되었다.

복숭아거위벌레 4~5월경에 보이며 복숭아, 매실 등의 과일나무의 꽃봉오리를 먹는다. 암컷은 이 열매들에 알을 하나씩 낳고 전체 20~50개 산란한다. 애벌레는 과육을 먹으며 성장하다가 땅속으로 들어가 번데기가 된 후 그대로 이듬해 봄까지 월동한다.

● 거위벌레과(바구미상과)

목이 거위처럼 긴 곤충입니다. 알을 낳을 때 애벌레의 먹이가 될 식물의 잎
을 말아 요람을 만듭니다. 이 요람을 나무에 매달아 놓는 종도 있고 떨어뜨리
는 종도 있습니다. 요람을 만들 때는 분비물을 사용하지 않고 잎의 미모微毛
를 압착하는 방식으로 합니다. 마치 찍찍이 테이프를 붙이듯이 말이지요. 이
를 위해 잎 표면에 상처를 내서 잎이 시들기를 기다립니다.

애벌레는 이 요람 속을 먹고 자라다가 번데기가 됩니다.

거위벌레 몸길이는 6~10mm, 성충은 5~9월에 보인다. 개체
마다 색깔 차이가 있다.

거위벌레 수컷 암컷보다 목이 길고 더듬이도 길다.

거위벌레 수컷이 잎을 먹고 있다. 거위처럼 목이 긴 곤충이다.

거위벌레 암컷 수컷보다 목이 짧고 더듬이도 짧다. 물오리나무, 오리
나무, 까치박달, 참개암나무, 자작나무 등의 잎을 말아 요람을 만들고
그 속에 알을 낳은 후 잎자루에 달아매지 않고 땅에 떨어뜨린다.

거위벌레 암컷 딱지날개에 홈이 많고 세로 융기선도 뚜렷하다. 특히 2,4번째 융기선이 도드라진다. 비슷하게 생긴 개암거위벌레와 구별점이다. 개암거위벌레는 점각이 작고 등의 홈 줄이 거위벌레보다 뚜렷하지 않다. 부드러운 느낌을 준다.

개암거위벌레 암컷 거위벌레보다 딱지날개 융기선이 뚜렷하지 않다. 넓적다리마디의 색도 다르다. 개암나무류, 물오리나무, 밤나무, 상수리나무 등이 기주식물로 알려졌다.

북방거위벌레 몸길이는 4~5mm, 온몸이 광택이 나는 검은색이다. 성충은 6~7월에 보인다.

북방거위벌레 암컷 주로 싸리나무 잎을 말아 요람을 만들지만 장미나 갈참나무 잎으로 만든다는 관찰 기록도 있다.

북방거위벌레는 노랑배거위벌레와 비슷하게 생겼다. 배가 검은색이면 북방거위벌레, 노란색이면 노랑배거위벌레다.

북방거위벌레가 잎을 열심히 먹고 있다.

490

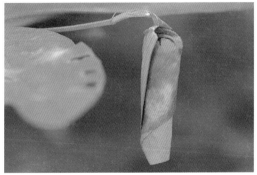

북방거위벌레 암컷이 싸리나무 잎으로 요람을 만들어 놓았다. 땅에 떨어뜨리지 않고 매달아 둔다.

북방거위벌레 암컷 5월 말에 만난 개체다.

노랑배거위벌레 몸길이는 3~5mm로 성충은 4~6월에 보인다. 몸은 광택이 나는 검은색이지만 배와 배 끝마디의 등판(미절판)은 노란색이다. 아까시나무 잎이나 싸리류 잎에 앉아 있는 모습이 자주 눈에 띈다.

노랑배거위벌레 수컷 암컷보다 목이 길고 더듬이도 길다.

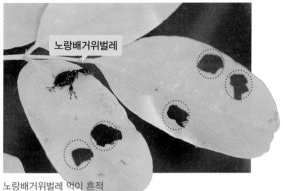

노랑배거위벌레 암컷 수컷보다 목과 더듬이가 짧다.

노랑배거위벌레 먹이 흔적

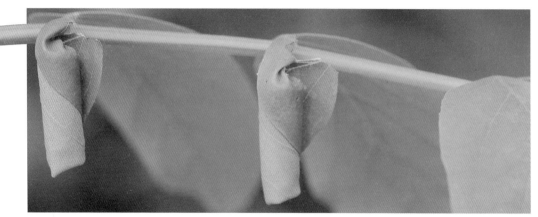

노랑배거위벌레 암컷이 싸리나무 잎으로 요람을 만들었다. 땅에 떨어뜨리지 않고 매달아 둔다.

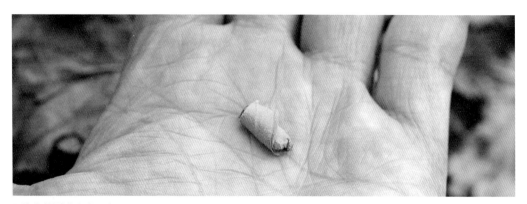

노랑배거위벌레 요람 크기

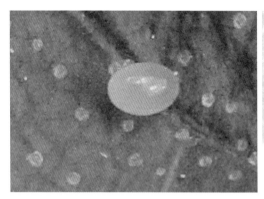

노랑배거위벌레 알

노랑배거위벌레 암컷이 잎을 먹고 있다. 보통 잎 전체를 먹지 않고 구멍을 뚫듯이 먹는다.

492

분홍거위벌레 몸길이는 6~7mm로 성충은 5~7월에 보인다. 몸은 광택이 나는 적갈색이다. 학명(*Apoderus rubidus*)의 '루비'를 분홍으로 번역한 듯하다.

분홍거위벌레 겹눈은 검은색이고 더듬이는 끝이 곤봉 모양이다. 머리는 폭보다 길이가 2배 이상 길다. 딱지날개에 홈 줄이 나타난다.

분홍거위벌레의 크기를 짐작할 수 있다.

분홍거위벌레 루비처럼 예쁜 거위벌레다. 넓적다리마디 또는 종아리마디에 검은색 무늬가 나타난다.

분홍거위벌레 버드나무, 물푸레나무, 노린재나무, 고광나무, 병꽃나무 등에서 짝짓기를 하거나 요람을 만든다.

분홍거위벌레가 요람을 만들기 위해 잎을 오리고 있다.

분홍거위벌레가 병꽃나무 잎으로 요람을 만들었다. 한 관찰자에 따르면, 요람을 완성하는 데 세 시간이 걸렸다.

분홍거위벌레 요람

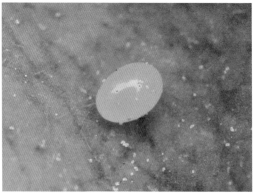

분홍거위벌레 요람 안에 들어 있던 알

왕거위벌레 몸길이는 8~12mm다. 거위벌레 중 가장 커서 이름에 '왕'을 붙였다. 성충은 5~8월에 보인다.

왕거위벌레 옆구리에 미색의 쌀알 같은 무늬가 있어 거위벌레와 구별된다.

왕거위벌레 거위벌레 무리 가운데 가장 많이 보인다. 크기를 짐작할 수 있다.

왕거위벌레는 밤에도 종종 보이는 숲속의 재단사다. 수컷이 암컷보다 목이 길다.

왕거위벌레 암컷 수컷보다 목과 더듬이가 짧다.

9월 중순에 만난 왕거위벌레 암컷 자료에는 5~8월이 활동 시기라고 하지만 가끔 9월 중순에도 보인다.

 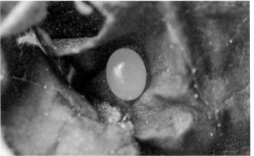

왕거위벌레 요람 암컷은 갈참나무, 떡갈나무 같은 참나무류 잎 왕거위벌레 요람 안에 연한 노란색 알이 하나 들어 있다.
으로 요람을 만들어 땅에 떨어뜨린다.

(10시 42분)

요람 1 왕거위벌레 암컷이 나뭇잎 끝에서 수컷을 기다리고 있다. 요람을 만들 잎은 아니다. 요람 만들 잎은 이미 건너편에 잎자루
가 꺾인 상태로 매달려 있다. 잎이 시들기를 기다리는 것 같다. 다음의 사진들은 6월 22일 관찰한 장면을 시간별로 정리한 것이다.

(10시 43분)

요람 2 왕거위벌레 수컷이 암컷 뒤에 나타났다. 수컷이 다가오자 암컷은 미리 준비한 요람 만들 잎으로 날아간다.

(10시 47분)

(10시 49분)

요람 3 암컷이 날아간 곳을 수컷이 바라보고 있다. 몇 분간 이 자세를 유지하고 있다. 암컷이 알 낳을 자리를 만드는 것을 지켜보는 것 같다.

요람 4 요람을 만들고 있는 암컷에게 수컷이 다가와 짝짓기를 시도하고 있다. 짝짓기가 이루어졌는지는 모른다.

(11시 10분)

(11시 22분)

요람 5 잎 여기저기를 돌아다니는 암컷을 수컷이 쫓아가고 있다. 잎 위에서 다시 짝짓기를 시도한다. 짝짓기가 이루어진 것으로 보인다.

요람 6 짝짓기 후 암컷은 알을 낳기 위해 잎 아래쪽으로 내려온다. 수컷은 짝짓기 후 잎 위쪽에 그대로 남아 있다.

(11시 34분)

(11시 38분)

요람 7 알을 낳는 것으로 보인다. 보통 잎을 씹는 곳 근처에 알을 하나 낳는다. 알은 산란관 옆의 분비샘에서 나온 점액질이 묻어 있어 잎에서 떨어지지 않고 잘 붙어 있다.

요람 8 알자리 근처에 잎을 씹어 놓은 암컷. 여기서부터 잎을 말기 시작하는 것 같다.

(11시 40분)

(11시 46분)

요람 9 잎 위에 있던 수컷이 처음에는 암컷이 알을 낳을 동안 주변을 경계하는 줄 알았는데 곧 날아가 버렸다. 이후엔 다시 찾아오지 않았다.

요람 10 알이 붙어 있는 잎을 안쪽으로 말아 넣기 시작한다. 저 안에 알이 하나 들어 있다.

(11시 48분)

(11시 50분)

요람 11 요람이 반 정도 완성되었다.

요람 12 반대쪽에서 본 요람. 안쪽으로는 이미 요람이 단단하게 말려 있다. 반 정도 완성되었다.

(11시 51분)

(11시 52분)

요람 13 요람을 안쪽으로 단단히 말고 있다.

요람 14 발톱의 역할이 매우 중요하다. 요람을 만들 때 잎에서 미끄러지지 않는 이유가 발톱 때문이다.

498

(11시 53분)

(11시 54분)

요람 15 잎 가장자리의 튀어나온 부분을 안쪽으로 밀어서 넣고 있다.

요람 16 이미 말아 넣은 요람이 풀어지지 않게 다리로 꼭 붙들고 주둥이로 잎 가장자리를 안쪽으로 말아 넣는다.

(11시 54분)

(11시 55분)

요람 17 이 부분이 힘들었는지 좀처럼 속도가 안 난다.

요람 18 잎 반대편을 다시 물어서 안쪽으로 말아 넣고 있다.

(11시 56분)

(11시 58분)

요람 19 일이 순조롭게 진행되는 것 같다. 요람의 모양이 갖춰지고 있다.

요람 20 다리를 쫙 벌리고 마지막 부분을 접고 있다.

(11시 59분)

요람 21 조금 떨어져서 보니 요람이 제법 모양을 갖췄다.

(12시 00분)

요람 22 제일 힘든 부분 같다. 잎이 풀리지 않게 단단하게 밀어
넣고 있다.

(12시 02분)

요람 23 긴 주둥이로 안쪽까지 꼼꼼하게 잎을 말고 있다.

(12시 03분)

요람 24 요람의 가장 바깥쪽이 될 부분을 다듬고 있다.

(12시 03분)

요람 25 더 이상 말지는 않고 바깥쪽을 살짝살짝 물어서 흠집
을 내고 있다. 잎이 풀어지지 않게 하려는 것 같다.

(12시 04분)

요람 26 요람의 모양이 거의 완성되었다.

500

요람 27 요람 바깥쪽을 살짝살짝 흠집을 내듯이 물어 놓은 것이 보인다.

요람 28 요람을 완성하고 나서 잎을 땅에 떨어뜨리려고 잎자루 부분으로 올라갔다.

요람 29 잎자루를 계속 씹고 있다.

요람 30 옆에서 보니 요람이 매우 견고해 보인다. 곧 떨어지기 직전이다.

요람 31 드디어 요람을 땅으로 떨어뜨렸다.

요람 32 땅에 떨어진 요람. 애벌레는 요람 속에서 잎을 먹으며 성장하다 땅속으로 들어가 번데기가 된다.

(12시 07분)　(12시 09분)

요람 33 요람을 떨어뜨리고 나서 잠시 숨을 고르는 암컷. 잠시　요람 34 옆에 있는 잎으로 가서 잠시 쉬고 있다.
후 옆에 있는 잎으로 날아간다.

(12시 10분)　(12시 13분)

요람 35 주둥이와 더듬이를 손질하고 있다.　요람 36 배가 고팠는지 잎을 먹고 있다.

(12시 14분)　(12시 20분)

요람 37 잎에 살짝 구멍이 날 정도만 먹고는 다시 옆에 있는　요람 38 이번에는 잎을 상당히 많이 먹는다. 이 잎이 더 좋은가
잎으로 날아간다.　보다.

어깨넓은거위벌레 몸길이는 5~6mm다. 딱지날개 뒤에 커다란 혹 같은 돌기가 두 개 솟아 있다. 몸은 돌기들로 울퉁불퉁하다. 성충은 5월부터 보이며 1년에 2회 나타나는 것으로 보인다.

어깨넓은거위벌레 끝이 곤봉 모양인 더듬이와 다리가 황갈색이다. 넓적다리마디는 진한 적갈색이다.

어깨넓은거위벌레가 만들어 놓은 요람 땅에 떨어뜨리지 않고 매달아 놓는다.

어깨넓은거위벌레 노박덩굴에서 짝짓기도 하고 요람도 만든다. 노박덩굴에 만든 요람에 연한 노란색 알이 하나 들어 있다.

알락거위벌레 몸길이는 6mm 내외다. 얼굴에 독특한 검은색 무늬가 있고 딱지날개 가운데 부분에 혹 같은 돌기가 솟아 있다.

알락거위벌레 끝이 곤봉 모양인 더듬이와 다리가 노란색이다. 가운뎃다리와 뒷다리의 넓적다리마디에 검은색 띠무늬가 나타난다. 딱지날개는 검은색 점무늬가 많고 울퉁불퉁하다.

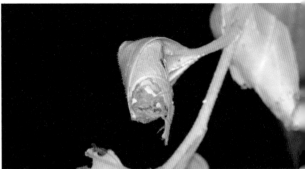

알락거위벌레 먹이식물은 팽나무와 풍게나무다. 이 잎을 말아 요람을 만든다.

팽나무 잎에 요람을 만든 곤충은 알락거위벌레다. 성충은 7~9월에 보인다.

검정거위벌레 5월 말 거북꼬리 잎에서 만난 개체다. 크기를 짐작할 수 있다.

검정거위벌레 몸길이는 6~7mm다. 몸은 전체적으로 검은색이며 딱지날개에 흑갈색 무늬가 있다.

검정거위벌레 암컷은 수컷보다 목이 짧다.

꼬마혹거위벌레 몸길이는 6mm 내외다. 느릅나무혹거위벌레, 꼬마등목거위벌레(2019 생물자원관 곤충목록)라고도 부르는 등 국명 정리가 필요한 종이다. 여기에서는 꼬마혹거위벌레로 한다.

꼬마혹거위벌레 몸은 광택이 있는 검은색이며 딱지날개 어깨와 가운데 부분에 혹 같은 작은 돌기가 여러 개 있다.

꼬마혹거위벌레 성충은 주로 6월에 보이며 모시풀류 잎을 먹는다. 그 잎으로 요람도 만든다.

꼬마혹거위벌레

꼬마혹거위벌레 먹이 흔적

꼬마혹거위벌레 요람

꼬마혹거위벌레가 개모시풀 잎 위에 앉아 있다.

꼬마혹거위벌레가 개모시풀로 요람을 만들어 매달아 두었다.

꼬마혹거위벌레 알 알을 1~2개 낳는다.

잎을 먹고 있는 꼬마혹거위벌레

꼬마혹거위벌레 짝짓기

꼬마혹거위벌레 암컷을 차지하려고 수컷 두 마리가 다투고 있다.
뒷다리의 넓적다리마디 아래쪽에 검은색 띠무늬가 선명하다.

506

등빨간거위벌레 머리 가운데에 검은색 점무늬가 있으며, 개체마다 차이가 있다. 아예 없는 개체도 있다.

등빨간거위벌레 몸길이는 6~7mm, 몸은 주황색이며 딱지날개는 흑청색이다. 성충은 6~10월에 보인다.

등빨간거위벌레 머리 가운데에 검은색 점무늬가 없는 개체다.

갉아 먹은 흔적(느티나무)

등빨간거위벌레(짝짓기)

요람

등빨간거위벌레 느티나무나 느릅나무가 먹이식물이다. 짝짓기도 이곳에서 이루어지며 요람도 그 잎을 말아 만든다.

등빨간거위벌레가 느티나무 잎에서 짝짓기를 한다.

등빨간거위벌레 암컷이 요람을 만들고 있다. 잎의 주맥을 물어서 물의 흐름을 차단한 흔적이 보인다(동그라미 친 부분). 이렇게 하면 잎이 시들어 요람 만들기가 편하다.

요람을 만들고 있는 등빨간거위벌레 암컷

등빨간거위벌레 요람이 거의 다 만들어졌다. 안에 알이 들어 있다.

완성된 등빨간거위벌레 요람 떨어뜨리지 않고 매달아 놓는다.

등빨간거위벌레가 먹은 느티나무 잎

요람

등빨간거위벌레 암컷이 요람을 다 만들고 나서 잎을 먹고 있다.

등빨간거위벌레 요람 느릅나무에 매달아 놓았다.

등빨간거위벌레의 크기를 짐작할 수 있다.

● 바구미과(바구미상과)

바구미과는 딱정벌레목에서 가장 개체 수가 많은 분류군으로 우리나라에 600
종 이상이 삽니다. 대부분 주둥이가 뾰족하고 길며, 이 주둥이로 식물의 조직
사이에 구멍을 파고 알을 낳습니다. 애벌레는 그 속에서 성장하다가 땅속으
로 들어가 번데기가 됩니다. 보통 거위벌레들은 더듬이가 주둥이에 붙어 있
는 모양이 '〈'인데 바구미들은 'ㄷ' 자 모양입니다.

밤바구미아과(바구미상과 바구미과)

꽃바구미 주둥이를 제외한 몸길이는 4mm 정도다. 딱지날개에 독특한 띠무늬가 있다.

꽃바구미 성충은 벚나무 꽃봉오리를 먹고 그곳에 산란한다고 알려졌다. 나무껍질 밑에서 성충으로 월동한다.

밤바구미란 이름이 있는 종들은 생김새가 비슷해서 구별하기가 어렵습니다. 도토리밤바구미, 밤바구미, 개암밤바구미 등이 그들이지요. 딱지날개의 무늬나 더듬이의 길이 등으로 구별한다고는 하지만 이 역시 어려운 건 마찬가집니다. 여기에서는 동정의 오류가 있으리라 인정하면서 이름표를 붙입니다.

암수를 구별할 때는 주둥이의 길이와 더듬이가 달린 위치를 봐야 합니다. 같은 종이라면 암컷의 주둥이가 더 깁니다. 더듬이가 달린 위치도 주둥이의 반보다 위에 달리면 암컷이고, 가운데나 가운데 약간 밑으로 보이면 수컷입니다.

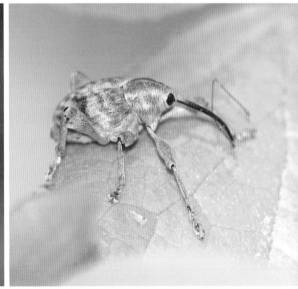

도토리밤바구미 수컷 주둥이를 뺀 몸길이는 5mm 정도다. 성충은 5∼9월에 많이 보인다. 수컷은 더듬이가 주둥이의 반 정도 부분에서 시작된다.

도토리밤바구미 수컷 몸은 전체적으로 황갈색이며 중간중간에 짙은 갈색의 무늬가 나타나 전체적으로 얼룩덜룩하다.

도토리밤바구미 암컷 수컷보다 주둥이가 훨씬 더 길고 더듬이 위치도 다르다. 끝이 날카로워 구멍을 뚫기 알맞다.

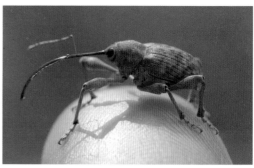

도토리밤바구미 암컷 산란기는 9월이며 상수리나무, 갈참나무 등의 도토리에 구멍을 뚫고 알을 낳는다.

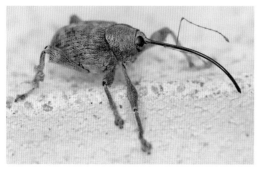

도토리밤바구미 암컷 성충은 5월부터 9월 산란기까지 주로 참 나무류의 어린싹이나 잎을 먹는 것으로 알려졌다.

도토리밤바구미 짝짓기 암컷과 수컷의 더듬이 위치와 주둥이 길이 가 다르다. 수컷의 더듬이가 굵고 짧다. 산란기는 9월이다. 이전에는 밤바구미와 같은 종으로 여겼으나 최근에 다른 종임이 밝혀졌다.

도토리밤바구미 애벌레가 살던 흔적

밤바구미 암컷 몸길이는 6∼10mm, 몸은 흑갈색이며 회황색 털이 빽빽하다.

밤바구미 암컷 딱지날개 뒤쪽에 노란빛을 띤 가로 띠무늬가 있어 도토리밤바구미와 구별된다.

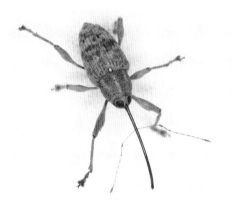

밤바구미 암컷 더듬이가 주둥이 중간보다 위에 있는 것이 수컷과의 차이점이다.

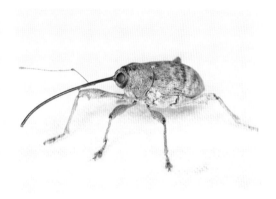

밤바구미 암컷 9월경 밤껍질과 살 사이에 알을 1∼2개 낳는다. 애벌레는 밤 속을 먹으며 성장하다 겨울이 오기 전 땅속으로 들어가 흙집을 짓고 월동한다.

밤바구미 수컷 더듬이가 주둥이 중간보다 아래에 달려 있다.

밤 속에 있던 밤바구미 애벌레 밤 속을 먹고 자라는데 똥을 밤 밖으로 배출하지 않아 속에 애벌레가 있는지 모른다. 열어 봐야만 알 수 있다.

흰띠밤바구미 몸길이는 5∼7mm이며, 딱지날개에 하얀색 띠무늬가 뚜렷하다. 성충은 때죽나무에 산란한다.

한국밤바구미 주둥이를 제외한 몸길이는 4∼5mm다. 겹눈은 검은색으로 납작하다. 각 다리의 넓적다리마디가 발달해 알통 다리를 이룬다.

한국밤바구미 작은방패판 앞에 작은 하얀색 점무늬가 있고 작은 방패판도 하얀색이다. 딱지날개 뒤쪽으로도 하얀색 점무늬가 한 쌍 있다.

한국밤바구미 딱지날개에 세로줄이 선명하며 하얀색 점무늬가 흩어져 있다.

한국밤바구미 주로 참나무류에서 5월에 많이 보인다.

개암밤바구미 몸길이는 6∼7mm로 4월 중순에 만난 개체다. 작은방패판은 황백색이며 딱지날개에 황색 무늬가 많아 얼룩덜룩해 보인다. 작은방패판 앞쪽에 황백색 무늬가 있어 비슷하게 생긴 검정밤바구미와 구별된다.

검정밤바구미 몸길이는 5∼8mm다. 7∼9월에 많이 보인다.

밤 숲에서 만난 검정밤바구미 1년에 1회 나타나며 밤나무 등 참나무류가 기주식물이다. 밤에 불빛에 잘 찾아든다. 여름에 주로 보인다. 색은 개체마다 차이가 있다.

검정밤바구미 작은방패판은 황백색이며 그 앞쪽 앞가슴등판에 황백색 무늬가 없어 개암밤바구미와 구별된다.

애바구미아과(바구미상과 바구미과)

흰점박이꽃바구미 몸길이는 4～5mm로 성충은 3～8월에 보인다. 딱지날개에 세로줄 무늬가 10줄 정도 있다. 애벌레는 죽은 나뭇가지에서 산다.

흰점박이꽃바구미가 개망초 꽃 위에 앉아 있다. 크기를 짐작할 수 있다.

흰점박이꽃바구미 주둥이는 검은색이며 갈고리 모양으로 구부러져 있다. 개체마다 색깔이나 무늬 차이가 있다.

흰점박이꽃바구미 성충은 각종 꽃에 모여 꽃가루를 먹는다.

환삼덩굴애바구미 몸길이는 3mm 정도다. 환삼덩굴이 먹이식물이다.

환삼덩굴애바구미의 크기를 짐작할 수 있다.

환삼덩굴애바구미 몸은 전체적으로 흑청색이며 주둥이가 매우 길다. 가슴 윗면에 점각이 많으며 딱지날개에 세로줄이 뚜렷하다.

버들바구미아과(바구미상과 바구미과)

극동버들바구미 몸길이는 7~11mm로 암컷이 크다. 앞가슴등판은 회백색이고 딱지날개에도 회백색 무늬가 군데군데 보인다. 몸 윗면은 전체적으로 울퉁불퉁하다. 움직이지 않을 때에는 새똥처럼 보인다.

극동버들바구미 이른 봄에 평지와 야산의 나무줄기나 잘린 나무 밑동에서 여러 마리 보인다. 성충으로 월동한다. 성충은 나무 수액을 먹는다. 버드나무, 느티나무, 가죽나무 등이 기주식물로 알려졌다. 암컷은 나무줄기나 굵은 나무의 껍질 속에 산란한다.

솔흰점박이바구미 주둥이를 제외한 몸길이는 4~6mm다. 소나무류의 나무 껍질 안에서 발견된다.

솔흰점박이바구미 딱지날개에 하얀색 점무늬가 나타난다.

솔흰점박이바구미 겹눈이 납작하며 더듬이는 주둥이가 아래쪽에 붙어 있다. 성충은 6~8월에 보인다.

줄바구미아과/줄주둥이바구미아과(바구미상과 바구미과)

둥근혹바구미 몸길이는 9∼13mm다. 기주식물로 장미과의 단풍터리풀이 알려졌다.

둥근혹바구미 자극을 받으면 죽은 척한다. 크기를 짐작할 수 있다.

둥근혹바구미 몸은 호리병 모양이며 앞가슴등판에 세로 홈이 뚜렷하다.

둥근혹바구미 딱지날개의 점각렬이 크며 더듬이는 주둥이 아래쪽에 붙어 있다.

둥근혹바구미 짝짓기 8월 5일에 관찰한 모습이다.

둥근혹바구미 밤에도 종종 보인다.

주둥이바구미 몸길이는 5~6mm로 밤나무와 참나무류 등에서 발견된다.

상수리주둥이바구미 몸길이는 6mm 내외다. 주로 참나무류 등에서 보인다. 딱지날개 표면에 검은색 무늬가 흩어져 있다.

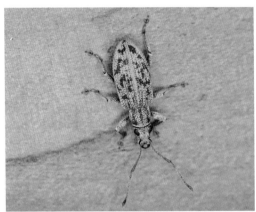 

상수리주둥이바구미 개체마다 색깔 차이가 있다.　　　　상수리주둥이바구미 옆모습

줄주둥이바구미 몸길이는 3mm 내외로 작다. 성충은 5~6월에 많이 보인다.

줄주둥이바구미 딱지날개에 가시 같은 털이 듬성듬성 나 있다. 5월 말에 만난 개체다.

칠주둥이바구미 몸길이는 5~7mm다.

칠주둥이바구미의 크기를 짐작할 수 있다.

칠주둥이바구미 몸에 황갈색의 곧추선 털이 규칙적으로 덮여 있다.

칠주둥이바구미 참나무류 잎에 구멍을 뚫었다. 주로 참나무류에서 많이 보인다.

칠주둥이바구미 몸에 털이 벗겨진 개체로 추정된다. 다른 바구미처럼 보인다.

칠주둥이바구미 짝짓기 5월이 짝짓기 철로 보인다.(05. 23.)

520

왕주둥이바구미 몸길이는 5～7mm로 여름에 참나무류에서 보인다.

왕주둥이바구미 몸은 긴 타원형으로 검은빛을 띤 갈색이지만 표면에 금빛 나는 녹색 비늘가루(인편)가 덮여 있어 전체적으로 형광 연둣빛처럼 보인다.

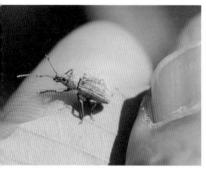

왕주둥이바구미의 크기를 짐작할 수 있다.

왕주둥이바구미가 참나무 잎을 갉아 먹고 있다.

왕주둥이바구미 짝짓기 특이하게 거미가 만들어 놓은 은신처 근처에서 짝짓기를 한다.(09. 11.)

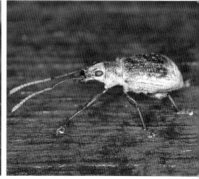

왕주둥이바구미 죽은 개체는 비늘가루가 떨어져 나가 적갈색의 다리와 흑갈색의 몸 색이 드러난다.

왕주둥이바구미 수컷 다리의 넓적다리마디 안쪽에 가시 같은 돌기가 있다.

왕주둥이바구미 비를 맞아 비늘가루가 떨어져 나간 상태다.

긴더듬이주둥이바구미 왕주둥이바구미와 비슷하게 생겼지만 더듬이가 더 길다. 5~10월에 보이며 떡갈나무가 기주식물로 알려졌다.

쌍무늬바구미 몸길이는 5~7mm다. 딱지날개 앞쪽에 비늘가루   쌍무늬바구미의 크기를 짐작할 수 있다.
가 빽빽한 한 쌍의 무늬가 있다. 개체마다 차이가 있는 것 같다.

쌍무늬바구미 몸은 검은색이지만 옥색의 비늘과 회색 털이 덮   쌍무늬바구미 6월 초에 만난 개체다.
여 있어 전체적으로 옥색으로 보인다. 턱이 크고 주둥이는 짧다.

쌍무늬바구미 짝짓기

쌍무늬바구미가 먹은 칡잎

쌍무늬바구미 싸리나무, 칡 등 콩과 식물에서 많이 보인다.

애둥근혹바구미 혹바구미와 비슷하게 생겼지만 훨씬 작다. 몸 길이는 9~11mm다. 먹이식물은 땅두릅, 두릅나무, 팔손이나무 등으로 알려졌다.

애둥근혹바구미의 크기를 짐작할 수 있다.

애둥근혹바구미 겹눈 앞뒤로 검은색 줄무늬가 나타난다. 자극을 받으면 몸을 오므리고 꼼짝도 하지 않는다.

애둥근혹바구미 딱지날개에 융기선이 나타난다. 딱지날개 뒤쪽에 혹 같은 돌기가 4개 있다.

혹바구미 몸길이는 13~15mm, 6~9월
에 보인다. 딱지날개에 혹 같은 돌기가
있어 붙인 이름이다.

혹바구미의 크기를 짐작할 수 있다.

혹바구미 몸 색은 개체마다 차이가 있
고 몸에 회백색의 잔털이 빽빽하다.

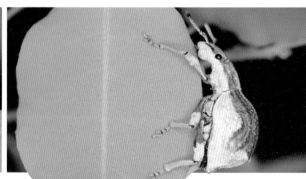

혹바구미 잎 위에 앉아 있을 때는 더듬이를 늘어뜨리고 몸을
낮추고 있어 멀리서 보면 새똥처럼 보인다.

혹바구미 싸리나무. 아까시나무. 등나무. 칡 등 콩과 식물이 먹이
식물이다.

혹바구미 짝짓기 후 암컷은 점액으로 잎을 접어 봉지처럼 만들
고 그 속에 알을 10개 정도 낳는다. 1주일 후 알에서 나온 애벌
레는 땅으로 떨어져 땅속으로 들어가 뿌리를 먹고 성장한다.

혹바구미 자극을 받으면 죽은 척한다.

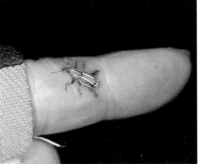

털보바구미 몸길이는 ~12mm, 5~7월
에 보인다.

털보바구미의 크기를 짐작할 수 있다.

털보바구미 수컷 뒷다리와 배 뒤쪽에
긴 털이 많다.

털보바구미 암컷 수컷보다 털이 적다.

털보바구미 짝짓기 봄에 다양한 식물에서 먹이 활동을 하는 모
습이나 짝짓기하는 모습이 자주 보인다. 참나무류가 먹이식물로
알려졌지만 다양한 나무에서 보인다.

윤줄바구미 몸길이는 3mm 내외로 몸에 회색 털이 덮여 있으
며 주둥이가 짧다. 딱지날개에 세로 홈이 뚜렷하다. 5월 말에 만
난 개체다.

윤줄바구미의 크기를 짐작할 수 있다.

몸에 가시가 잔뜩 박혀 고슴도치처럼 보이는 바구미가 있습니다. 그래서 이름도 가시털바구미입니다. 이런 이름이 있는 종으로 얼룩무늬가시털바구미, 두줄무늬가시털바구미, 가시털바구미, 꼬마가시털바구미, 땅딸보가시털바구미 등이지만, 이들을 구별하기가 쉽진 않습니다. 여기에서는 가시털바구미류라는 이름을 달고 사진을 싣는 것으로 대신합니다.

이 분류군에 땅딸보가시털바구미도 있는데, 신기하게 이 녀석은 몸 윗면에 가시가 없다고 합니다. 괄호 안의 숫자는 관찰한 날짜입니다.

땅딸보가시털바구미 몸길이는 5~6mm다. 이 속에 속한 여느 가시털바구미류보다 몸에 가시털이 거의 없는 것이 특징이다. 크기를 짐작할 수 있다.(07. 06.)

땅딸보가시털바구미 등에 검은색 무늬가 있는 개체다.

땅딸보가시털바구미 개체마다 무늬 차이가 있다.

가시털바구미류

뚱보바구미아과(바구미상과 바구미과)

큰뚱보바구미 몸길이는 5~10mm다. 성충과 애벌레 모두 토끼풀을 먹는다. 북미와 유럽에 널리 분포하는 외래종이다.

길쭉바구미아과(바구미상과 바구미과)

점박이길쭉바구미 딱지날개 끝이 둥근 것으로 길쭉바구미와 구별하고, 앞가슴등판이 딱지날개 기부보다 좁은 것으로 산길쭉바구미와 구별한다. 쑥, 여뀌 등이 기주식물이다. 몸길이는 7~12mm다.

산길쭉바구미 몸길이는 10mm 내외다. 쑥이 기주식물로 알려졌다. 앞가슴등판과 딱지날개의 기부 폭이 비슷한 것이 점박이길쭉바구미와 구별된다. 몸 색은 개체마다 차이가 있다.

산길쭉바구미 짝짓기 암컷이 훨씬 크다. 6월에 관찰한 모습이다.

쑥을 먹고 있는 산길쭉바구미 주둥이가 길쭉바구미보다 크고 길다.

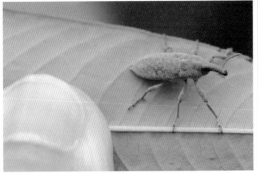

길쭉바구미 몸길이는 12mm 내외다. 딱지날개 끝이 뾰족한 것이 점박이길쭉바구미나 산길쭉바구미와 구별된다. 크기를 짐작할 수 있다.

길쭉바구미 몸 색은 개체마다 차이가 있다. 딱지날개에 점으로 이루어진 세로줄이 10줄 있다.

길쭉바구미 주둥이는 짧고 작은 편에 속하며 아래를 향하고 있다.

길쭉바구미 몸을 세우면 긴 다리가 보인다.

길쭉바구미 물가 주변의 마디풀과 식물에서 주로 보인다.

가시길쭉바구미 길쭉바구미류 중에서 가장 크고 길다. 주둥이를 제외한 몸길이는 15~18mm로 길쭉바구미의 2배 정도다. 노란색 줄무늬가 발달한 것이 특징이다.

가시길쭉바구미 딱지날개 끝이 뾰족하다. 한약재로 쓰는 천궁, 당귀, 독활 등이 먹이식물로 알려졌다. 6월 중순에 관찰한 모습이다.

흰띠길쭉바구미 몸길이는 9~14mm다. 딱지날개에 흰색 줄이 뚜렷하다.

흰띠길쭉바구미의 크기를 짐작할 수 있다.

흰띠길쭉바구미 자극을 받으면 죽은 척한다.

흰띠길쭉바구미 주둥이가 다른 바구미류보다 두툼하다.

흰띠길쭉바구미 이른 봄부터 보이며 쑥이나 엉겅퀴 등이 기주식물로 알려졌다.

흰띠길쭉바구미 앞다리의 넓적다리마디가 잘 발달했다. 몸은
약간 뚱뚱한 타원형이며 몸 전체에 점각이 흩어져 있다. 더듬이
끝이 붓처럼 보인다.

흰띠길쭉바구미 짝짓기 성충은 5~8월에 주로 보이며 산 가장자
리, 경작지 주변에서 주로 보인다.

통바구미아과(바구미상과 바구미과)

민가슴바구미 몸길이는 6~12mm, 몸은 원통형이다.

민가슴바구미 앞가슴등판이 점각으로 이루어져 있어 볼록민가슴
바구미와 구별된다.

민가슴바구미 자극을 받으면 죽은 척한다.

민가슴바구미의 크기를 짐작할 수 있다.

민가슴바구미 암수 암컷이 훨씬 크다. 한여름 불빛에도 잘 찾아든다.

민가슴바구미 졸참나무, 고로쇠나무 등이 기주식물로 알려졌다. 성충은 6월경에 보인다.

볼록민가슴바구미 몸길이는 6~12mm다. 앞가슴등판에 좁쌀 돌기가 나타나는 것이 민가슴바구미와 구별된다.

볼록민가슴바구미 몸은 굵은 원통형이며 주둥이는 짧고 굵다.

볼록민가슴바구미 온몸에 덮여 있던 황색 털이 빠지면 검은색 몸이 드러난다. 앞가슴등판에 좁쌀 돌기가 뚜렷하다.

볼록민가슴바구미의 크기를 짐작할 수 있다.

참바구미아과(바구미상과 바구미과)

솔곰보바구미 몸길이는 7∼13mm. 몸은 적갈색 또는 흑갈색이며 몸 윗면에 황백색 비늘털이 있어 독특한 무늬를 이룬다.

솔곰보바구미 자극을 받으면 죽은 척한다. 각 다리의 넓적다리마디가 알통 다리다.

솔곰보바구미 이른 봄부터 보이며 몸 전체에 움푹 파인 점각이 빽빽하다.

솔곰보바구미 주둥이는 짧고 굵다. 주둥이 아래쪽에 있는 더듬이 끝이 곤봉형이다.

솔곰보바구미 층층나무 잎에 매달려 있다. 층층나무가 먹이식물인지는 알려지지 않았다.

솔곰보바구미의 크기를 짐작 할수 있다.

534

■■■ 사과곰보바구미 몸길이는 13~16mm로 몸 전체가 우툴두툴하다.

■■■ 사과곰보바구미 5월 중순경에 짝짓기를 한다. 일본의 관찰 기록에 따르면, 애벌레는 밤나무 뿌리를 갉아 먹으며 살다가 9월에 번데기가 되고 약 15일 후 성충이 되어 그대로 월동한다. 봄부터 성충이 보인다.

■■■ 사과곰보바구미 성충은 4~5월에 밤나무 줄기에서 보인다. 사과나무, 복숭아나무, 자작나무, 버드나무, 밤나무 등 활엽수에서 보인다.

■■■ 흰모무늬곰보바구미 주둥이를 제외한 몸길이는 5~8mm로, 딱지날개에 흰색 마름모꼴 무늬가 있어 붙인 이름이다. 흰색 가루는 몸에서 나오는 분비물이다.

■■■ 흰모무늬곰보바구미 잎에서 죽은 척하면 새똥처럼 보인다.

■■■ 흰모무늬곰보바구미 산불이 난 지역의 소나무 고사목에서 흔히 발견된다.

올리브곰보바구미 몸길이는 12~15mm로, 몸에 혹 같은 돌기가 많아 울퉁불퉁하다. 가슴과 딱지날개에 살구빛 커다란 무늬가 있다. 성충은 활엽수 가지에서 보인다. 밤에 불빛에도 잘 찾아든다.

옻나무바구미 몸길이는 15~20mm, 몸 전체가 나무껍질 같은 보호색을 띤다. 성충은 5~8월에 보이며 참나무류, 붉나무 등의 수액에 모여든다.

옻나무바구미 뒷날개가 퇴화하여 날지 못한다. 밤에 불빛에도 잘 찾아든다.

옻나무바구미 수컷이 짝짓기를 시도하고 있다. 수컷이 더 크다.

536

노랑쌍무늬바구미 몸길이는 8∼11mm다. 딱지날개에 거꾸로
된 연한 노란색 V 자 무늬가 한 쌍 있다.

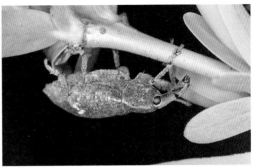

노랑쌍무늬바구미 성충은 3∼8월에 잘 보인다. 애벌레는 버드나
무 줄기 속에서 사는 것으로 추정된다. 버드나무가 기주식물로 알
려졌다. 이른 봄부터 보인다.

노랑쌍무늬바구미 앞가슴등판에서 시작된 황백색 줄무늬가 딱
지날개 중간까지 이어진다. 각 다리의 종아리마디 아래로 하얀
색 가시 같은 털이 듬성듬성 박혀 있다. 9월에 만난 개체다.

노랑쌍무늬바구미 짝짓기 4월 초부터 보이는 장면이다.

배자바구미 몸길이는 9∼11mm다. 딱지날개의 검은색 무늬가
한복 조끼인 '배자'를 닮아 붙인 이름이다. 성충으로 월동하며
5∼10월에 칡 줄기나 잎에서 자주 보인다.

배자바구미 멀리서 보면 새똥처럼 보인다.

■■■ 배자바구미가 알을 낳은 곳은 식물 혹이 형성된다. 식물의 방어 기제가 작동한 것이다.

■■■ 배자바구미 암수 칡잎 위에서 짝짓기를 한다. 짝짓기 후 암컷은 주둥이로 칡 줄기에 홈을 파고 알을 낳는다. 알자리에 식물혹이 생긴다. 애벌레는 식물 혹 속에서 성장하고 번데기도 된다. 9월에 성충으로 우화한다.

■■■ 배자바구미 다리와 주둥이가 매우 독특하게 생겼다.

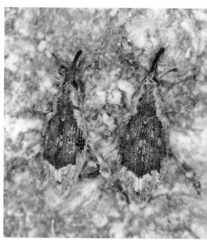

■■■ 등나무고목바구미 몸길이는 4~7mm, 5~9월에 주로 보인다. 바구미과 고목바구미족에 속한다. 크기를 짐작할 수 있다.

■■■ 등나무고목바구미 겹눈 뒤부터 독특한 흑갈색 무늬가 딱지날개 3분의 2 지점까지 이어지며 그 무늬 주변은 황백색이다. 짧은 가시털이 성기게 난다. 등나무에서 주로 보이며 애벌레는 등나무 목질부를 파고 들어가 생활한다.

■■■ 등나무고목바구미 암수 왼쪽이 수컷이다.

538

나무좀아과(바구미상과 바구미과)

- ■■■□ 붉은목나무좀 몸길이는 2.3mm 내외다. 고사목이나 약해진 나무에서 암브로시아균을 먹이로 생활한다.
- ■■□□ 붉은목나무좀의 크기를 짐작할 수 있다.
- ■■■□ 붉은목나무좀 몸은 짧은 원통형으로 밝은 적색이고, 딱지날개는 앞가슴등판보다 어두운 적갈색이다. 머리는 위에서 봤을 때 앞가슴등판에 가려져 있다.

- ■■■□ 사과둥근나무좀 몸길이는 3mm 내외다. 애벌레와 성충 모두 사과나무, 포도나무, 느릅나무, 밤나무 등을 파먹으면서 산다.
- ■■□□ 사과둥근나무좀의 크기를 짐작할 수 있다.
- ■■■□ 사과둥근나무좀 딱지날개는 검은색으로 원통형이며 주변에 긴 털이 줄지어 있다. 1년에 1회 나타나며 성충은 4~7월에 활동한다.

| 참고 자료 |

• 도서

권순직· 전영철· 박재홍, 『물속생물도감』, 자연과생태, 2013

김명철· 천승필· 이존국, 『하천생태계와 담수무척추동물』, 지오북, 2013

김상수· 백문기, 『한국 나방 도감』, 자연과생태, 2020

김선주· 송재형, 『한국 매미 생태 도감』, 자연과생태, 2017

김성수 글· 서영호 사진, 『한국 나비 생태도감』, 사계절, 2012

김성수, 『나비· 나비』, 교학사, 2003

김용식, 『한국나비도감』, 교학사, 2002

김윤호· 민홍기· 정상우· 안제원·백운기, 『딱정벌레』, 아름원, 2017

김정환, 『한국 곤충기』, 진선북스, 2008

_____, 『한국의 딱정벌레』, 교학사, 2001

김태우, 『메뚜기 생태도감』, 지오북, 2013

_____, 『곤충 수업』, 흐름출판, 2021

동민수, 『한국 개미』, 자연과생태, 2017

박규택 저자 대표, 『한국곤충대도감』, 지오북, 2012

박해철· 김성수·이영보, 『딱정벌레』, 다른세상, 2006

백문기, 『한국밤곤충도감』, 자연과생태, 2012

_____, 『화살표 곤충도감』, 자연과생태, 2016

백문기· 신유항, 『한반도 나비 도감』, 자연과생태, 2017

손재천, 『주머니 속 애벌레 도감』, 황소걸음, 2006

신유항, 『원색 한국나방도감』, 아카데미서적, 2007

아서 브이 에번스· 찰스 엘 벨러미 지음, 리사 찰스 왓슨 사진, 윤소영 옮김, 『딱정벌레의 세
    계』, 까치, 2002

안수정· 김원근· 김상수· 박정규, 『한국 육서 노린재』, 자연과생태, 2018

안승락, 『잎벌레 세계』, 자연과생태, 2013

안승락·김은중, 『잎벌레 도감』, 자연과생태, 2020

이강운, 『캐터필러 1』, 도서출판 홀로세, 2016

이영준, 『우리 매미 탐구』, 지오북, 2005

임권일, 『곤충은 왜?』, 지성사, 2017

임효순·지옥영, 『식물혹 보고서』, 자연과생태, 2015

자연과생태 편집부 엮음, 『곤충 개념 도감 』, 필통 자연과생태, 2009

장현규·이승현·최웅, 『하늘소 생태도감』, 지오북, 2015

정계준, 『한국의 말벌』, 경산대학교출판부, 2016

_____, 『야생벌의 세계』, 경상대학교출판부, 2018

정광수, 『한국의 잠자리 생태도감』, 일공육사, 2007

정부희, 『버섯살이 곤충의 사생활』, 지성사, 2012

_____, 『먹이식물로 찾아보는 곤충도감 』, 상상의숲, 2018

_____, 『정부희 곤충학 강의』, 보리, 2021

최순규·박지환, 『나의 첫 생태도감』(동물편), 지성사, 2016

허운홍, 『나방 애벌레 도감 1』, 자연과생태, 2012

_____, 『나방 애벌레 도감 2』, 자연과생태, 2016

_____, 『나방 애벌레 도감 3』, 자연과생태, 2021

• 인터넷 사이트

곤충나라 식물나라(https://cafe.naver.com/lovessym)

국가생물종정보시스템(http://www.nature.go.kr)

한반도생물자원포털(https://species.nibr.go.kr)

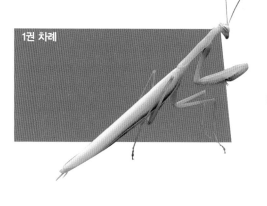

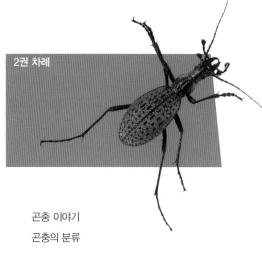

생태작가 손윤한 새벽들 아저씨와
온 가족이 함께 곤충과 거미의 세계로 떠나볼까요?

와! 거미다

_새벽들 아저씨와 떠나는 7일 동안의 거미 관찰 여행

거미에 관심이 많은 새벽들 아저씨! 이웃에 이사 온 영서와 만나서 일주일 동안 거미를 찾아 돌아다니는 이야기를 대화체로 담아낸 거미 관찰 여행 기록이지요. 거미를 찾아서 집과 학교 주변을 둘러본 이들은 들판, 숲속, 늪과 계곡, 강과 습지, 사구 해안에까지 관찰 여행을 떠나요. 거미의 생김새뿐 아니라 사는 곳과 생태에 대한 정보를 어린이들이 읽기 쉽게 새벽들 아저씨와 영서의 대화 속에 녹아 있어 이 책을 읽고 나면 거미를 우리와 함께 살아가는 소중한 생명체로 여기게 될 거예요.

글과 사진 손윤한 | 210×290 | 152쪽 | 28,000원

＊한국출판산업진흥원 우수콘텐츠 선정작, 학교도서관저널 추천도서

와! 물맴이다

_새벽들 아저씨와 떠나는 물속 생물 관찰 여행

어느 날, 동네 작은 물웅덩이 근처에서 거미를 관찰하다가 물웅덩이를 빠르게 움직이는 곤충을 보며 녀석의 정체가 궁금해졌어요. 제트 스키를 타듯 물 위를 빠르게 맴도는 녀석은 바로 '물맴이'예요. 새벽들 아저씨를 만난 영서와 진욱은 아저씨와 함께 물속 생물 탐사에 나서기로 약속해요. 논과 둠벙, 계곡, 식물원 습지 생태원, 하천, 동네 물웅덩이를 찾아다니며 물속 생물을 관찰하지요. 세 사람이 만난 물속 생물이 정말 궁금하지요?

글과 사진 손윤한 | 188×257 | 142쪽 | 15,000원

＊우수과학도서, 학교도서관저널 추천도서, 행복한아침독서 추천도서, 청소년 권장도서(초등부)

와! 박각시다

_새벽들 아저씨와 떠나는 밤 곤충 관찰 여행 1

숲속 캠프장에 어둠이 깔릴 무렵, 하얀 천과 관찰용 텐트를 치고 등불을 밝히면 여기저기에서 나방들이 날아들지요! 당당하고 멋진 박각시들, 화려한 불나방들, 작고 예쁜 명나방들, 이름도 생김새도 가지가지인 가지나방과 자나방들! 뾰족뾰족 가시 애벌레, 털털털 털북숭이 애벌레, 척척척 몸을 접는 애벌레, 꿈틀꿈틀 몸을 흔드는 애벌레, 엉덩이에 뿔 달린 애벌레……. 숲속 캠프장에서 만난 밤 곤충의 대표, 나방 친구들을 소개해요.

글과 사진 손윤한 | 188×257 | 128쪽 | 18,000원

＊학교도서관저널 추천도서

와! 참깽깽매미다

_ 새벽들 아저씨와 떠나는 밤 곤충 관찰 여행 2

숲속 캠프장 근처 밤 숲에서 날개돋이하는 매미들, 어둠이 깔리는 저녁 저수지 근처
풀숲에서 날개를 펴고 쉬고 있는 수많은 잠자리들, 1박 2일 섬 여행에서 만난 풀무치
와 조롱박먼지벌레, 새벽들 아저씨 연구실 마당과 뒷산에서 만난 온갖 벌들과 벌집,
개미들, 그리고 파리 집안의 신비한 파리들과 꽃등에들, 캠핑장 뒷산에서 만난 장수
풍뎅이와 사슴벌레를 만나볼까요?

글과 사진 손윤한 | 188×257 | 196쪽 | 18,000원

와! 폭탄먼지벌레다

_ 새벽들 아저씨와 떠나는 밤 곤충 관찰 여행 3

캠프장 근처 숲속 길에서 기어 다니는 딱정벌레 무리 가운데 멋쟁이 딱정벌레를 비롯
해 밤에 활동하는 먼지벌레, 나무 수액에서 만나는 화려한 버섯벌레, 거저리와 썩덩벌
레, 자연의 청소부 송장벌레와 길 안내자 길앞잡이, 온갖 풍뎅이와 꽃무지, 방아 찧는
방아벌레, 이름이 신기한 약대벌레, 병대벌레, 의병벌레, 목대장, 하늘을 나는 소 하늘
소와 하늘소붙이, 관찰 천에 날아온 닮은 듯 다른 무당벌레와 잎벌레, 목이 긴 거위벌
레, 주둥이가 긴 바구미를 만날 수 있어요.

글과 사진 손윤한 | 188×257 | 212쪽 | 18,000원

＊우수환경도서

와! 콩중이 팥중이다

_새벽들 아저씨와 떠나는 곤충 관찰 여행 4

캠프장에 설치한 관찰 텐트와 등화 천 등불에 노린재들이 날아왔어요. 노린재 무리에
서 가장 많은 수를 차지하는 장님노린재를 비롯하여 광대처럼 화려한 광대노린재 등
저마다의 특징으로 이름 붙인 노린재들, 텃밭 풀숲에서는 곤충 사냥꾼 사마귀를 비롯
해 메뚜기 집안 여치 무리와 베짱이 무리를 빼놓을 수 없지요. 계곡 주변에서 만난 강
도래와 날도래, 막대기 곤충 대벌레와 산에 사는 산바퀴, 우리나라 고유종 갑옷바퀴,
새끼를 돌보는 집게벌레를 끝으로 밤 곤충 탐사가 막을 내려요.

글과 사진 손윤한 | 188×257 | 168쪽 | 18,000원